高等学校计算机规划教材

AutoCAD 2012 中文版实用教程

孙士保　主　编

李　曼　司庆功　葛连东　等编著

电子工业出版社

Publishing House of Electronics Industry

北京·BEIJING

内 容 简 介

本书以 AutoCAD2012 中文版为操作平台,全面介绍了 AutoCAD 2012 的基本功能及其在工程制图中的应用,主要内容包括:AutoCAD 基本知识和基本命令、图层设置、二维图形的绘制与编辑、文字和表格、尺寸标注、图案填充、图块应用、三维图形的创建与渲染、设计中心、图形输出打印等,涵盖了建筑、机械等专业领域的 AutoCAD 辅助设计的全过程。在讲述基本知识和操作技能的同时,本书还引入了大量的建筑、机械等专业领域中常见的标准图块和典型的设计实例,突出了实用性与专业性。

本书内容翔实、思路清晰、结构安排合理,适合作为高等院校、高职高专等工科院校的教材使用,也可以作为从事计算机辅助设计及相关工程技术人员的参考工具书。

图书在版编目(CIP)数据

AutoCAD 2012 中文版实用教程/孙士保主编;李曼等编著.—北京:电子工业出版社,2012.1
高等学校计算机规划教材
ISBN 978-7-121-15094-4

Ⅰ.①A… Ⅱ.①孙…②李… Ⅲ.①AutoCAD 软件—高等学校—教材 Ⅳ.①TP391.72

中国版本图书馆 CIP 数据核字(2011)第 234558 号

策划编辑:冉　哲
责任编辑:冉　哲
印　　刷:涿州市京南印刷厂
装　　订:涿州市京南印刷厂
出版发行:电子工业出版社
　　　　　北京市海淀区万寿路 173 信箱　邮编　100036
开　　本:787×1 092　1/16　印张:15.5　字数:395 千字
版　　次:2012 年 1 月第 1 版
印　　次:2016 年 7 月第 4 次印刷
定　　价:36.00 元

凡所购买电子工业出版社图书有缺损问题,请向购买书店调换。若书店售缺,请与本社发行部联系,联系及邮购电话:(010) 88254888,88258888。

质量投诉请发邮件至 zlts@phei.com.cn,盗版侵权举报请发邮件至 dbqq@phei.com.cn。

本书咨询联系方式:ran@phei.com.cn。

前　言

AutoCAD 是美国 Autodesk 公司开发的通用 CAD 计算机辅助设计软件包。本书以 AutoCAD 2012 中文版在工程制图中的应用为主线展开，采用案例、实训相结合的形式，全面深入地对 AutoCAD 2012 在工程设计领域中的应用知识和技巧进行讲解，实用性强，内容全面，涵盖了建筑、机械等专业领域的 AutoCAD 辅助设计的全过程。在讲述基本知识和操作技巧的同时，本书还引入了大量的建筑、机械等专业领域中常见的标准图块和典型的设计实例，突出了实用性与专业性。本书主要特点如下。

1. 适合教师教学，学生学习

本书内容覆盖了建筑工程、机械工程等专业图形的设计与绘图，每章都包括教程、实训及练习题三部分内容。教程部分介绍了 AutoCAD 2012 的操作和使用方法，然后通过简单实例引导读者初步熟悉绘图方法的使用，每一个知识点均包括功能介绍、命令操作方法（菜单命令、功能区命令、快捷命令）和操作实例。操作实例遵循由浅入深的原则，从简单工程图样绘制到复杂专业图形的绘制，再到复杂工程图样的建模与渲染，使读者不仅能够掌握 AutoCAD 2012 的基本操作方法，还能够使读者通过建筑、机械工程专业图样的绘制，更好地领会 AutoCAD 2012 的操作技巧。实训部分包括基本操作训练和专业工程图样的绘图训练，通过综合实例训练综合应用能力，一般先分析绘图思路，再引导读者进行操作训练，然后通过练习题让读者自己完成工程图样的绘制。工程绘图的每个题目都有详细的练习指导。学生可以通过练习题将所学内容融会贯通到绘制不同工程图样的实际应用之中。采用这种教材组织方式，既符合教师讲课习惯，又便于学生练习，章节内容的组织与安排充分体现了科学性和合理性。

2. 加强了工程设计及绘图方面的介绍

本书作者分别来自国内多所高校，多年来一直从事 Autodesk 公司 AutoCAD 工程师认证考试培训工作，还多次带领学生参加全国 AutoCAD 技能大赛，编写过多部 AutoCAD 教材，并具备丰富的工程项目设计和教学经验。相对于其他同类教材，本书加强了工程设计及绘图方面的介绍，将工程设计及制图贯穿全书，详细介绍计算机辅助设计的设计流程、相关专业的制图规范和标准，以及在设计过程中所用到的命令和技巧，使得读者熟悉 AutoCAD 2012 在工程设计及绘图方面的应用和习惯，为今后从事工程设计和绘图打下基础。

3. 符合国家和行业的制图标准

本书在讲授绘制建筑、机械专业工程图样的方法和技巧的同时，还贯彻了国内外 CAD 制图的相关标准，并使所绘制的工程图样在各方面都能够符合国家和行业的制图标准。本书所绘插图均为实际工程图样的内容，插图中的各项内容（如表达方法、图线的粗细、虚线与点画线的长短和间隔、字体、剖面符号和尺寸标注等）均符合最新制图标准。

4. 适用面宽、实用性强

使用 AutoCAD 无论绘制哪个专业的工程图样，其基本方法和技巧都是相同的，区别主要在于行业制图标准的不同。本书所举工程实例涉及建筑、机械等专业领域，对于各专业制图标准中不同之处的设置方法和绘制专业图的思路分别做了叙述。使用本书不仅可以学习本专业工程图样的绘制方法，同时对 AutoCAD 绘图软件的通用性这一内涵会有更深层次的了解，使读者触类旁通，能够绘制各类工程图样或其他图形。

5. 突出实用、够用的原则

本书叙述简明清晰，突出实用，在介绍绘图方法时，用简明的形式介绍在工程制图中常用的和实用的方法，以突出基础和重点。另外，本书每章都安排了大量的例题、实训和练习题，并且循序渐进，便于读者加深记忆和理解，也便于教师指导学生边学边练，学以致用。

6. 提供教学课件和素材

本书提供配套电子课件，包括 PPT、AutoCAD 源文件等，可直接用于课堂教学，也方便自学。读者可登录华信教育资源网（www.hxedu.com.cn）免费下载。

本书由孙士保主编，李曼、司庆功、葛连东等编著，参加编写的作者有孙士保（第 1、2、3、4、14 章），李曼（第 5、8、12 章），司庆功（第 6 章），葛连东（第 7 章），张志强（第 9 章），张明增（第 10 章），马志刚（第 11 章），冯全民、董福新、翟丽娟、缪丽丽、骆秋容、崔瑛瑛、孙洪玲、庄建新（第 13 章），全书由刘瑞新教授审阅。本书在编写过程中得到了许多同行的帮助和支持，在此表示感谢。由于编者水平有限，书中错误之处难免，欢迎读者对本书提出宝贵意见和建议。

本书适合作为高等学校本科、大专、高职高专等相关专业 AutoCAD 课程教材，也可以作为建筑设计初学者和相关工程技术人员的入门与提高教材或参考工具书。

编　者

目　　录

第 1 章　AutoCAD 2012 概述

随着 AutoCAD 在建筑、机械、测绘、电子、造船、服装、广告等各个领域的广泛应用，越来越多的设计人员使用它绘制二维图形，创建和渲染三维立体模型，克服了传统手工绘图中存在的效率低、准确度差及劳动强度大的缺点，也便于进行修改和调整。使用该软件可以准确、规范的完成各种方案，高效快捷地完成各项工作。

1.1　AutoCAD 软件简介

1.1.1　AutoCAD 软件发展

AutoCAD 从美国 Autodesk 公司于 1982 年开发设计至今已经发布了 20 多个版本，是一款计算机辅助设计软件，用于二维绘图、详细绘制、设计文档和基本三维设计，现已经成为国际上应用最广的绘图工具软件。

AutoCAD 具有良好的用户界面，用户可以通过交互式菜单或命令行方式进行各种操作。它的多文档设计环境，让非计算机专业人员也可以很快地学会使用，并在不断实践的过程中更好地掌握它的各种应用和开发技巧，从而不断提高工作效率。它还具有广泛的适应性，为 AutoCAD 的普及创造了优越的条件。

AutoCAD 经过初级阶段、发展阶段、高级发展阶段、完善阶段和进一步完善阶段五个发展阶段，本书介绍的是 2011 年 3 月发布的 AutoCAD 2012 版本。

1.1.2　AutoCAD 2012 功能简介

与 AutoCAD 2011 相比，最新推出的 AutoCAD 2012 具有简便易学、精确高效和强大的设计功能，并在操作界面、细节功能、运行速度、数据共享和软件管理等方面都得到了较大的改进和增强，集二维绘图、三维造型、数据库管理、渲染着色、互联网通信等功能于一体。借助 AutoCAD 2012 提供的设计工具，用户几乎可以创建所有可以想象的形状。AutoCAD 2012 软件中的许多重要功能都实现了自动化，能够帮助用户提高工作效率，更好地完成设计工作，使设计者更方便、快捷、准确地完成设计任务。

AutoCAD 软件经过多次的版本更新，其功能更加完善，更有利于用户快速地实现设计效果。该软件的主要功能包括以下几个方面：

① 强大的图形绘制与编辑功能；
② 图层管理功能；
③ 强大的图形文本注释功能；
④ 完善的图形输出与打印功能；
⑤ 强大的三维建模功能；
⑥ 完善的渲染和观察三维图形功能；

⑦ 完善的图形对象数据和信息查询功能；

⑧ 数据交换功能；

⑨ 二次开发和用户定制功能。

1.1.3　AutoCAD 2012 软/硬件要求

AutoCAD 2012 适用性较强，可以在多种操作系统支持的计算机上运行。在程序安装过程中将会自动检测操作系统版本，然后自动安装适当版本的 AutoCAD。用户需要确保计算机能够满足最低系统要求，如果系统不满足这些要求，则可能会出现运行不正常的情况。AutoCAD 2012 的软/硬件要求见表 1-1。

表 1-1　AutoCAD 2012 软/硬件要求

说　　明	要　　求
操作系统	Windows XP，Windows Vista，Windows 7
浏览器	Internet Explorer　7.0 或更高版本
处理器	Windows XP：Intel Pentium 4 或 AMD Athlon 双核，1.6GHz 或更高，采用 SSE2 技术 Windows Vista 或 Windows 7：Intel 或 AMD 双核，3.0GHz 或更高，采用 SSE2 技术
内存	2 GB RAM（建议使用 4GB）
显示器分辨率	1024×768 真彩色
磁盘空间	安装 2 GB
定点设备	MS-Mouse 兼容
.NET Framework	.NET Framework 版本 4.0
三维建模	Intel Pentium 4 处理器或 AMD Athlon，3.0 GHz 或更高，或者 Intel、AMD 双核处理器，2.0 GHz 或更高

1.2　AutoCAD 2012 操作界面

AutoCAD 2012 的操作界面继承了 AutoCAD 2011 的基本特点，并在原来的基础之上提供了更加方便快捷的操作工具，在启动选项、功能区、选项板、状态栏等处又增加了许多新的选项，使使用户操作更加方便。

1.2.1　启动 AutoCAD 2012

安装 AutoCAD 2012 后，就可以启动软件了，启动 AutoCAD 2012 的方法有以下几种：

● 通过【开始】菜单启动；

● 双击计算机桌面上的 AutoCAD 2012 图标　来启动；

● 通过双击.dwg 格式的图形文件来启动 AutoCAD 2012。

第一次启动 AutoCAD 2012 时，系统将会弹出【Autodesk Exchange】窗口。与以往的版本不同，用户可以在此看到 AutoCAD 2012 主要功能的视频介绍，主要包括新特性、漫游用户界面、将二维对象转换为三维、创建和修改曲面、Content Explorer 概述，还可以查看精选主题，包括模型文档、关联阵列、多功能夹点、AutoCAD WS、命令行自动完成等。另外，通过该窗口可以直接查看帮助信息，用户还可以在此选择每次启动程序时是否显示该窗口。

如图 1-1 所示。

图 1-1 　【Autodesk Exchange】窗口

在该窗口中选择【精选视频】下的【新特性】选项，将会自动播放视频，详细介绍 AutoCAD 2012 版本所增加的新功能，是 AutoCAD 2012 用户了解新功能的好地方。用户也可以在播放窗口右侧的列表中选择其他方面的视频介绍，如图 1-2 所示。

图 1-2 　【新特性】视频播放窗口

1.2.2 　工作空间的切换

工作空间是由分组组织的菜单、工具栏、选项板和功能区组成的集合，使用户可以在专门的、面向任务的绘图环境中工作。使用工作空间时，只会显示与任务相关的菜单、工具栏和选项板。此外，工作空间还可以自动显示功能区，即带有特定于任务的面板的特殊选项板。

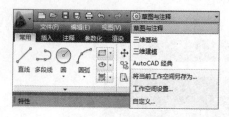

图 1-3 工作空间切换

AutoCAD 2012 提供了 4 种用户工作空间，分别是 AutoCAD 经典、草图与注释、三维基础、三维建模，用户可通过窗口右下角的【切换工作空间】快捷菜单或窗口左上角【工作空间】工具栏中的【切换工作空间】下拉菜单（见图 1-3）进行切换。

用户还可根据个人需要来自定义工作空间。当用户更改工作空间设置（如移动、隐藏、显示工具栏或工具选项板组），并希望保留该设置以备将来使用时，可以将当前设置保存到工作空间中。

当用户将工作空间切换至 AutoCAD 经典时，界面如图 1-4 所示。

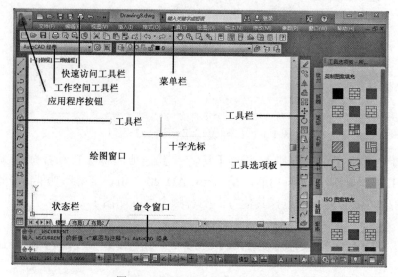

图 1-4 AutoCAD 经典工作空间

当用户将工作空间切换至草图与注释时，界面如图 1-5 所示。此工作空间主要用于二维草图的绘制并进行文字与尺寸的注释。

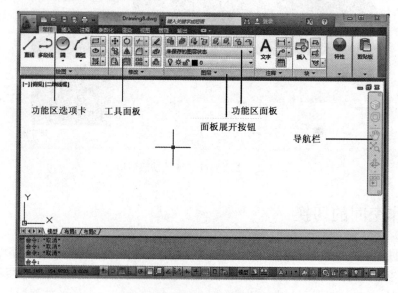

图 1-5 草图与注释工作空间

当用户将工作空间切换至三维基础时，界面如图 1-6 所示。该工作空间提供了最常用的三维建模命令，是专为三维建模新手用户设计的。

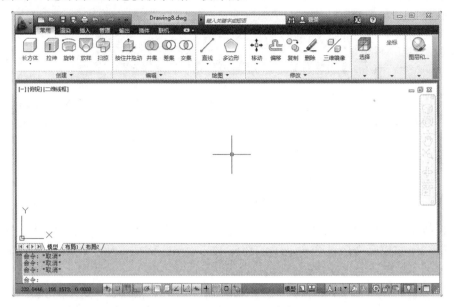

图 1-6　三维基础工作空间

当用户将工作空间切换至三维建模时，界面如图 1-7 所示。此工作空间主要用于进行三维建模。

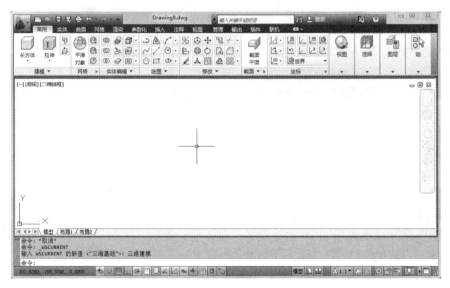

图 1-7　三维建模工作空间

1.2.3　功能区

功能区是显示基于任务的命令和控件的选项板。功能区由多个面板组成，这些面板被组织到依任务进行标记的选项卡中。功能区面板包含的很多工具和控件与工具栏和对话框中的相同。在创建或打开文件时，程序会自动显示功能区，提供一个包括创建或修改图形所需的所有工具在内的小型选项板。用户可以根据需要自定义功能区。功能区可水平显示，也可竖直显示。水平功能区在文件窗口的顶部显示。垂直功能区一般固定在窗口的左侧或右侧，如图1-8所示。

图1-8　功能区

在选择特定类型的对象或执行某些命令时，AutoCAD将显示专用功能区选项卡，而非工具栏或对话框；结束命令后，会自动关闭相应的选项卡。例如，用户使用文字标注功能时，将会显示如图1-9所示的【文字编辑器】选项卡。

图1-9　【文字编辑器】选项卡

用户可以通过功能区选项卡右侧的【状态切换】下拉菜单，来选择功能区的显示效果，有最小化为选项卡、最小化为面板标题、最小化为面板按钮三种形式，如图1-10所示。

图1-10　功能区状态切换

1.2.4　应用程序菜单

单击【应用程序】按钮，将会弹出应用程序菜单，用户可以在此查看最近使用的文档、已打开的文档，并能够对文档进行预览。当指针悬停在其中一个列表中的文件上时，将显示文件的预览与相关信息，如保存文件的路径、上次修改文件的日期、用于创建文件的产品版本、上次保存文件的人员姓名、当前在编辑文件的人员姓名等。

通过应用程序菜单，用户可以快速执行新建、打开、保存、另存为、输出和发布等操作，如图1-11所示。

在应用程序菜单中还提供了命令搜索功能，搜索字段显示在应用程序菜单顶部的搜索文本框中。搜索结果可以包括菜单命令、基本工具提示和命令提示文字字符串。若将指针悬停在某命令上，还可显示相关的提示信息，如图1-12所示。

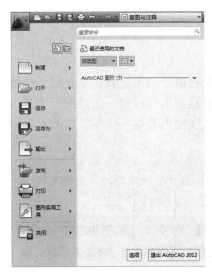

图 1-11　应用程序菜单　　　　　　　　　　　图 1-12　搜索结果

1.2.5　快速访问工具栏

快速访问工具栏位于应用程序窗口顶部，用户可通过它快速执行相关命令，以提高工作效率，如图 1-13 所示。

图 1-13　快速访问工具栏

在快速访问工具栏 中显示有新建、打开、保存、打印、放弃和重做等命令按钮。用户还可以根据需要在快速访问工具栏中添加、删除和重新定位命令及控件等，以按照用户的工作方式对用户界面元素进行适当调整，用户可以向快速访问工具栏添加无限多的工具，超出工具栏最大长度范围的工具将会以弹出按钮显示。同时，还可以将下拉菜单和分隔符添加到组中，并组织相关的命令。用户可以通过快速访问工具栏右侧的下拉箭头按钮对其进行自定义，在此还可以选择是否显示传统的菜单栏，以及快速访问工具栏的显示位置是在功能区的上方或下方。

1.2.6　状态栏

状态栏位于程序窗口的底部，用于显示光标的坐标值、绘图工具，以及用于快速查看和注释缩放的工具。用户可以以图标或文字的形式显示绘图工具按钮。通过捕捉工具、极轴工具、对象捕捉工具和对象追踪工具的快捷菜单，可以轻松更改这些绘图工具的设置。状态栏如图 1-14 所示。

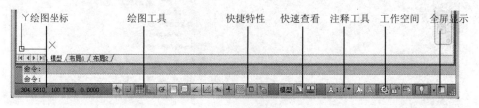

图 1-14　状态栏

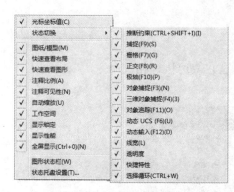

图 1-15　图形状态栏菜单

图形状态栏中显示有缩放注释的若干工具，对于模型空间和图纸空间，将会显示不同的工具。图形状态栏打开后，可以使用图形状态栏菜单选择要显示在状态栏上的工具，如图 1-15 所示。

1.2.7　命令窗口

命令窗口主要用于显示提示信息和接收用户输入的数据，它位于绘图窗口的最下方。在 AutoCAD 中可以按 Ctrl+9 组合键来控制命令窗口的显示和隐藏。按住鼠标左键拖动命令窗口左侧的标题栏，将使其成为浮动命令窗口，效果如图 1-16 所示。

AutoCAD 还提供一个文本窗口，按 F2 键将显示该窗口。它记录了每次操作中的所有命令内容，包括单击工具按钮和执行菜单命令。在该窗口中输入命令后，按回车键，也可以执行命令，如图 1-17 所示。

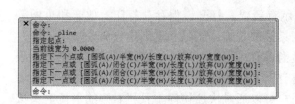

图 1-16　浮动命令窗口

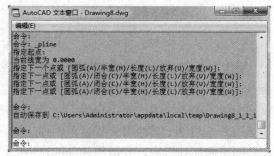

图 1-17　文本窗口

1.2.8　工具选项板

工具选项板提供了一种用来组织、共享和放置块、图案填充及其他工具的有效方法。用户可以通过菜单栏的【工具】菜单调用工具选项板。工具选项板中可以包含由第三方开发人员提供的自定义工具，如图1-18所示。

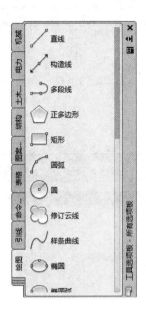

图1-18　工具选项板

用户可以通过将对象从图形中拖至工具选项板中来创建工具，然后可以使用添加的新工具来创建与拖至工具选项板的对象具有相同特性的对象。当然，用户也可以更改创建的新工具的特性，以便创建不同特性的对象。如果将块或外部参照拖至工具选项板中，则新工具将在图形中插入一个具有相同特性的块或外部参照。如果将几何对象或标注拖至工具选项板后，则会自动创建带有相应弹出命令的新工具。

1.2.9　工具栏

在AutoCAD 2012中，除了通过功能区提供的工具面板和命令窗口执行各种命令外，还可以利用工具栏来完成命令操作，如图1-19所示。使用工具栏上的工具按钮可以启动命令以及显示弹出工具栏和工具提示信息，将鼠标指针移到工具按钮上时，将显示该按钮的名称。对于右下角带有黑色三角形的按钮，表明其包含相关命令的弹出工具栏。用户可以选择显示或隐藏工具栏、锁定工具栏和调整工具栏大小，并可将所做的选择另存为一个工作空间。用户也可以创建自定义工具栏，以便提高绘图效率。

工具栏通常以浮动或固定的方式显示。浮动工具栏可以显示在绘图区域的任意位置，用户可以将浮动工具栏拖动至新位置或将其固定。固定工具栏可以附着在绘图区域的任意一侧，如图1-19所示。

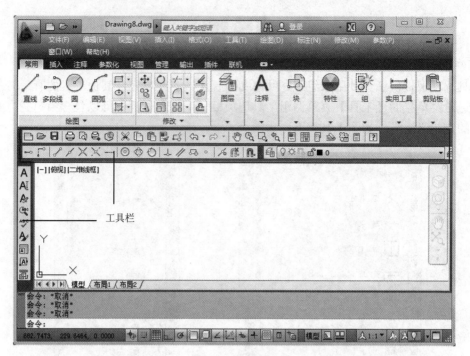

图 1-19　工具栏

实训 1

1. 切换工作空间

利用本章所讲内容，切换 AutoCAD 2012 的工作空间，熟悉"AutoCAD 经典"、"二维草图与注释"、"三维基础"、"三维建模"四种工作空间的工作界面。具体的操作步骤如下。

1）从【开始】菜单依次选择【所有程序】→【AutoCAD 2012 - Simplified Chinese】→【AutoCAD 2012】命令或从桌面双击程序快捷图标，启动 AutoCAD 2012 程序。

2）单击快速访问工具栏右侧的下拉按钮，在弹出的【自定义快速访问工具栏】下拉菜单中选择【工作空间】选项。

3）单击快速访问工具栏中 草图与注释 右侧的下拉按钮，在下拉菜单中依次选择"草图与注释"、"三维基础"、"三维建模"、"AutoCAD 经典"四种工作空间进行切换，并熟悉其工作环境。

4）在工作窗口下部的状态栏中，单击右侧的【切换工作空间】按钮，在弹出的快捷菜单中依次选择不同的工作空间进行切换，如图 1-20 所示。

2. 设置工具选项板

利用本章所学内容，对 AutoCAD 2012 提供的工具选项板进行相应设置。具体的操作步骤如下。

1）从【开始】菜单依次选择【所有程序】→【AutoCAD 2012 - Simplified Chinese】→【AutoCAD 2012】命令或从桌面双击程序快捷图标，打开 AutoCAD 2012 程序。

2）从菜单栏依次选择【工具】→【选项板】→【工具选项板】命令，调出工具选项板；也可以在功能区中依次选择【视图】选项卡→【选项板】面板→【工具选项板】选项，调出工具选项板。

3）在工具选项板的空白区域单击右键，在弹出的如图 1-21 所示的快捷菜单中选择相应的命令，对工具选项板的【自动隐藏】、【透明度】、【排序依据】、【新建选项板】、【删除选项板】、【自定义选项板】、【自定义命令】等选项进行设置。

图 1-20　切换工作空间　　　　　图 1-21　工具选项板快捷菜单

练习题 1

1．AutoCAD 2012 有哪些主要功能？

2．第一次启动 AutoCAD 2012 时，弹出的【Autodesk Exchange】窗口的作用是什么？

3．通过快速访问工具栏可执行哪些操作？

4．在 AutoCAD 2012 的状态栏中提供了哪些工具？

5．启动 AutoCAD 2012 软件，切换不同的工作空间，并找到标准、绘图、修改等工具栏，熟悉 AutoCAD 2012 的工作环境。

第2章　AutoCAD 2012 绘图基础

本章主要学习在 AutoCAD 2012 中进行图形文件管理、设置绘图环境、草图设置等内容，重点是命令的执行及应用。这些都是应用 AutoCAD 绘图的基本要求，用户必须掌握这些基本操作和设置，并能够熟练运用，为后面图形绘制打下牢固的基础。

2.1　图形文件管理

在使用 AutoCAD 2012 进行绘图之前，先要了解管理图形文件所需的操作命令，即新建图形文件、打开现有的图形文件、保存或者重命名保存图形文件以及获得帮助等。熟悉这些图形文件的管理方法，可以有效地提高工作效率。

2.1.1　新建图形文件

用户可以通过以下方法创建图形：从【创建新图形】对话框，从【选择样板】对话框，或通过不使用任何对话框的默认图形样板文件。

要使用【创建新图形】对话框，应将系统变量 STARTUP 和 FILEDIA 均设置为 1（开）。要使用【选择样板】对话框，应将系统变量 STARTUP 设置为 0（关），FILEDIA 设置为 1（开）。这样，在每次启动 AutoCAD 时，都将显示如图 2-1 所示的【创建新图形】对话框。系统启动后，每次单击新建□按钮，都会打开【创建新图形】对话框。

通过【创建新图形】对话框创建新图形文件的方法有三种。

1. 默认方式创建新的图形文件

在【启动】对话框中，单击【从草图开始】按钮□，表示使用默认设置新建一幅空白图形。此时，用户可选择【英制（英尺和英寸）】和【公制】两种形式来绘制图形。

需要注意的是，【启动】对话框和【创建新图形】对话框只是标题不同，内容及操作基本相同。

2. 使用向导创建新图形文件

在【创建新图形】对话框中单击【使用向导】按钮□，在对话框的【选择向导】列表框中给出了两种向导，即【高级设置】和【快速设置】，如图 2-2 所示。

图 2-1　【创建新图形】对话框

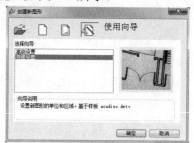

图 2-2　单击【使用向导】按钮

选择【快速设置】项，单击【确定】按钮，弹出【快速设置】对话框，首先需要设置测量单位，单位是指用户输入以及程序显示坐标和测量所采用的格式，一般选择【小数】，单击【下一步】按钮，如图2-3所示。

然后需要设置绘图区域，即按绘制图形的实际比例单位表示的宽度和长度，如果栅格设置处于打开状态，则此设置还将限定栅格点所覆盖的绘图区域，如图2-4所示。

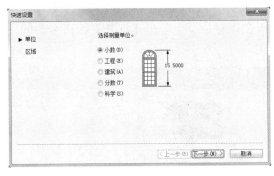
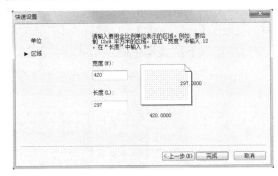

图2-3　测量单位设置　　　　　　　图2-4　绘图区域设置

若在【创建新图形】对话框【选择向导】框中选择【高级设置】项，单击【确定】按钮，则弹出【高级设置】对话框，如图2-5所示，左侧区域会多出3项设置：【角度】、【角度测量】和【角度方向】。在一般情况下，角度选择为【十进制度数】，角度测量的起始方向选为【东】，角度方向选为【逆时针】。

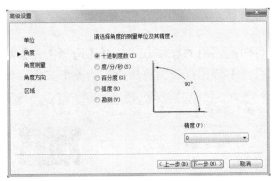

图2-5　角度设置

完成以上设置，单击【完成】按钮，进入工作界面，即完成了新图形文件的创建。

3．使用样板文件创建新图形

样板图形是预先对绘图环境进行了设置的"图形模板"，通过创建或自定义样板文件可避免重复性的设置工作。在样板文件中通常包含有与绘图相关的一些通用设置，如单位类型和精度、栅格界限、图层、线型、文字样式、尺寸标注样式等，还可以包括一些通用图形对象，如标题栏、图框等。用户在命令窗口中输入 NEW命令或在【创建新图形】对话框中单击【使用样板】按钮，即可调用样板文件，如图2-6所示。

图2-6　使用样板文件

2.1.2 打开图形文件

在实际的图形绘制过程中，用户经常需要打开原有的图形文件进行编辑和修改。要打开现有的图形文件，可以从【启动】对话框中打开图形、从应用程序菜单选择【打开】命令、单击快速访问工具栏中的【打开】按钮 等多种方式打开图形文件。执行【打开】命令，程序将会弹出【选择文件】对话框，如图 2-7 所示。在该对话框中单击【打开】按钮旁边的下拉按钮，在该下拉菜单中提供了 4 种文件打开方式。

图 2-7 【选择文件】对话框

1. 打开

该方式是打开图形文件时最常用的操作方式，在【选择文件】对话框中双击文件名即可打开图形文件，或单击【打开】按钮打开当前所指定的图形文件，如图 2-8 所示。

图 2-8 直接打开图形文件

2. 以只读方式打开

该方式表明文件以只读的方式打开，可进行编辑操作，但是编辑后不能直接以原文件名存盘，可另存为其他名称的图形文件。

3. 局部打开

选择该方式仅打开图形文件的指定图层。选择局部打开方式，将会弹出【局部打开】对话框，如图 2-9 所示，在其中选择要显示的图层。在文件被打开后将只显示被选图层上的对象，其余未选图层上的对象不会显示。此方式适合用于打开图形文件较大的情况，可提高软件的执行效率。

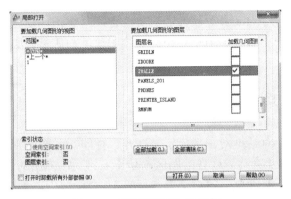

图 2-9　【局部打开】对话框

4．以只读方式局部打开

该方式与局部打开方式一样，需要选择所需的图层才能打开图形文件，并且对当前图形进行的编辑操作，只可另存为其他名称的图形文件，无法直接保存。

2.1.3　保存图形文件

在绘制图形的过程中，用户应注意随时保存文件，以避免因发生死机、断电等意外事故造成文件的丢失。用户可以通过设置自动保存、备份文件以及仅保存选定的对象等方式进行文件保存。AutoCAD 2012 图形文档的扩展名为.dwg，除非更改默认文件格式，否则将使用最新的图形文件格式保存图形，如图 2-10 所示。

图 2-10　保存图形文件

在 AutoCAD 2012 中，图形文档默认的文件类型为【AutoCAD 2010 图形】，用户也可以将图形文档保存为传统图形文件格式（AutoCAD 2004 或早期版本），但是早期版本的图形文档不支持大于 256MB 的图形文件对象。最新的 AutoCAD 2012 图形文件格式，解除了这些限制，从而使用户可以保存容量更大的对象。

2.2 设置绘图环境

绘图环境是设计者与 AutoCAD 软件的交流平台。对绘图环境进行正确的设置，是保证准确、快速绘制图形的基本条件。用户要想提高绘图速度和质量，必须有一个合理的、适合自己绘图习惯的参数配置。

2.2.1 设置参数选项

用户可通过【选项】对话框对图形显示、打开、打印、系统配置等方面进行设置。从应用程序菜单中选择【选项】命令，或在绘图区中单击右键，在弹出的快捷菜单中选择【选项】命令，即可调出【选项】对话框。该对话框包括有 10 个选项卡，如图 2-11 所示。

图 2-11　【选项】对话框

【文件】选项卡：用于确定 AutoCAD 2012 搜索支持文件、驱动程序文件、菜单文件和其他文件时的路径，以及用户定义的一些设置项。

【显示】选项卡：用于设置窗口元素、布局元素、显示精度、显示性能、十字光标大小等显示属性。

【打开和保存】选项卡：用于设置是否自动保存图形文件及自动保存的时间间隔，是否维护日志以及是否加载外部参照等。

【打印和发布】选项卡：用于设置 AutoCAD 2012 的输出设备。

【系统】选项卡：用于设置当前三维图形的显示特性、设置定点设备、是否显示 OLE 特性对话框、是否显示所有警告信息、是否检查网络连接以及是否显示启动对话框等。

【用户系统配置】选项卡：用于设置是否使用快捷菜单和对象的排序方式以及进行坐标数据输入的优先级设置。为了提高绘图效率，可以使用【自定义右键单击】对话框对右键快捷菜单进行设置，如图 2-12 所示。

【绘图】选项卡：用于设置自动捕捉、自动追踪、对象捕捉标记框的颜色和大小，以及靶框的大小。

【三维建模】选项卡：用于对三维绘图模式下的三维十字光标、UCS 光标、动态输入光标、三维对象和三维导航等选项进行设置。

【选择集】选项卡：用于设置选择集模式、拾取框大小及对象夹点大小等。

【配置】选项卡：用于实现新建系统配置文件、重命名系统配置文件以及删除系统配置文件。

1．设置绘图区域的颜色

在默认情况下，AutoCAD 2012 绘图区域的颜色为蓝黑色背景、白色光标。用户可以根据个人习惯，通过【选项】对话框调整应用程序和图形窗口中使用的配色方案及显示方案。背景色设置可指定布局和模型空间中使用的背景色，以及用于提示和十字光标的颜色；配色方案设置可以为整个用户界面指定暗或明配色方案。这些设置将会影响窗口边框背景、状态栏、标题栏、菜单浏览器边框、工具栏和选项板。模型选项卡上的背景色发生变化，表明用户是在二维设计环境、三维建模（平行投影或透视投影）环境中工作。

打开【选项】对话框并切换到【显示】选项卡，单击 颜色(C)... 按钮，将会弹出【图形窗口颜色】对话框，如图 2-13 所示。单击【颜色】框的下拉按钮，从下拉列表中选择要使用的颜色，即可实现绘图区域的颜色设置。

图 2-12 　【自定义右键单击】对话框

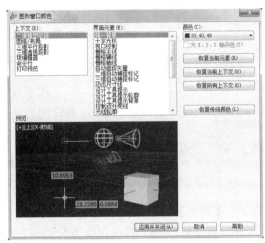

图 2-13 　【图形窗口颜色】对话框

2．设置光标样式

在图形绘制过程中，设置合理的十字光标大小可以使光标定位更加精确。在【选项】对话框的【显示】选项卡中，拖动【十字光标大小】栏中的滑块来调整十字光标的大小，或在前面的文本框中直接输入所需的数值，如图 2-14 所示。

2.2.2　设置绘图单位

绘图前需要确定图形中要使用的测量单位，并设置坐标和距离要使用的格式、精度及其他约定。在 AutoCAD 中创建的所有对象都是根据图形单位进行测量的，所以，必须基于要绘制的图形确定一个图形单位代表的实际大小，然后据此约定创建实际大小的图形。例如，一个图形单位的距离通常表示实际单位的 1 毫米、1 厘米、1 英寸或 1 英尺。

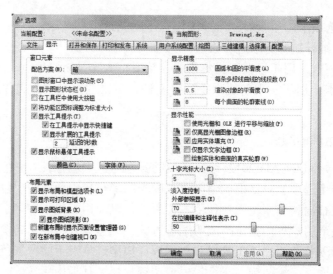

图 2-14 十字光标样式

图 2-15 设置图形单位

设置绘图单位是指定义绘图时使用的长度单位、角度单位的格式以及它们的精度。在菜单栏中选择【格式】→【单位】命令（或在命令窗口中输入 UNIT 命令），打开【图形单位】对话框，如图 2-15 所示。

1．【长度】栏

用于设置图形的长度单位和精度。【类型】：设置测量单位的当前格式；【精度】：设置线型测量值显示的小数位数或分数大小。

2．【角度】栏

用于设置图形的角度格式和精度。【类型】：设置当前角度格式；【精度】：设置当前角度显示的精度；【顺时针】：选中该复选框，表示以顺时针方向计算正的角度值，默认的正角度方向为逆时针方向。

3．【插入时的缩放单位】栏

控制插入当前图形中所有对象的测量单位。

4．【光源】栏

对话框左下角是光源选项区，可以选择光源单位的类型。AutoCAD 2012 提供了三种光源单位：常规、国际标准和美国。

5．【方向】按钮

设置零角度的位置。要控制角度的方向，单击对话框下部的【方向】按钮，将会弹出【方向控制】对话框，如图 2-16 所示。系统默认 0°的方向为正东方向。

图 2-16 【方向控制】对话框

2.2.3 设置绘图界限

图形界限即是模型空间界限，是指用户根据需要设定的绘图工作区域的大小。它以坐标形式表示，并以绘图单位来度量，它是用户可以使用的绘图区域。界限通过指定左下角与右上角两点的坐标来定义，一般要大于或等于实体（即用 1:1 比例绘出的图样）的绝对尺寸。其目的是避免所绘制的图形超出边界。用户可根据所绘图形的大小、比例等因素来确定绘图幅面，如 A2（420×594）、A3（297×420）等。

用户可利用应用程序菜单中的实时搜索功能调用图形界限命令，也可以从菜单栏依次选择【格式】→【图形界限】命令或在命令窗口中输入 LIMITS 命令。

说明：在实际操作中，一旦改变了图纸界限，绘图区的对象显示大小也会发生改变，一般 LIMITS 命令与 ZOOM 命令配合使用，以正常显示图形对象。

2.3 草图设置

在工程设计过程中，为了更准确地绘制图形，提高绘图的速度和准确性，需要启用捕捉、栅格、正交、对象捕捉、极轴追踪和对象追踪等辅助绘图功能，这样既可以精确指定绘图位置，又能实时显示绘图状态，进而辅助设计者提高绘图效率。

2.3.1 栅格、捕捉和正交

栅格和捕捉功能是在 AutoCAD 2012 中用于辅助绘图的一项重要功能，需要两者结合起来才能更精确地绘制图形，提高绘图的速度和准确性。在绘图时，虽然可以通过移动光标来指定点的位置，却很难精确指定对象的某些特殊位置。为提高绘图的速度和效率，通常使用栅格、捕捉和正交功能辅助绘图：使用栅格和捕捉功能可快速指定点的位置，使用正交功能可使光标沿垂直或平行方向移动。

1．栅格

栅格是指点或线的矩阵遍布指定为栅格界限的整个区域。使用栅格，类似于在图形下放置一张坐标纸，以提供直观的距离和位置参照。在默认情况下，栅格功能是开启的，可通过单击状态栏中的【栅格显示】按钮▦或 F7 功能键关闭该功能。

开启栅格功能后，在绘图区域中将显示一些网格，这些网格即栅格，如图 2-17 所示。栅格在绘图区域中只起辅助绘图的作用而不会被打印输出。

（1）控制栅格的显示样式

栅格有两种显示方式：点栅格和线栅格。在功能区中选择【视图】选项卡，在【视觉样式】选项板的【视觉样式】下拉列表中指定视觉样式，即可将栅格样式设为点或线，效果如图 2-18 所示。

（2）控制主栅格线的频率

如果栅格以线显示，则颜色较深的线称为主栅格线，以十进制单位或英尺和英寸绘图时，主栅格线对于快速测量距离非常有用。

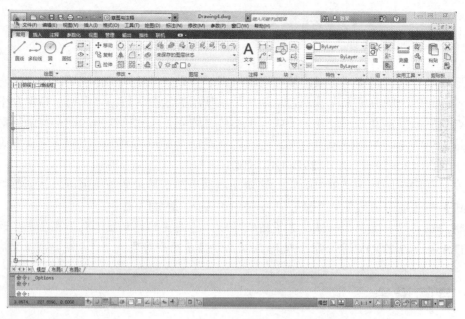

图 2-17　栅格

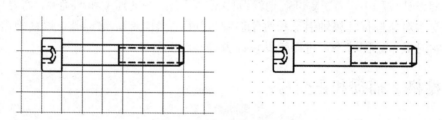

图 2-18　栅格显示样式设置

　　设置主栅格线的频率,可在状态栏的【栅格显示】按钮上单击右键,在打开的快捷菜单中选择【设置】命令,打开【草图设置】对话框,在【栅格间距】栏中设置【栅格 X 轴间距】

图 2-19　【草图设置】对话框

和【栅格 Y 轴间距】的数值,从而控制主栅格的频率,两轴间默认为相等间距,如图 2-19 所示。

　　(3)更改栅格角度

　　在绘图过程中,如果需要沿特定的对齐或角度绘图,可以通过 UCS 坐标系来更改栅格角度。或者在命令窗口中输入 SNAPANG 命令,也可直接修改栅格角度。

2.捕捉

　　捕捉模式用于限制十字光标,使其按照用户定义的间距移动。捕捉模式有助于使用箭头或定点设备来精确定位点。

　　开启栅格功能后,用户可以启用捕捉功能进行辅助绘图,单击状态栏中的【捕捉模式】按钮或按下 F9 功能键便可开启捕捉功能。在移动鼠标时,屏幕上的十字光标将沿着栅格的点或线的 X 轴或 Y 轴方向进行移动并自动定位到附近的栅格上。

　　要设置捕捉方式,可在状态栏中的【捕捉模式】按钮上单击右键,在打开的快捷菜单中选择【设置】命令，打开【草图设置】对话框，可在此设置捕捉间距和捕捉类型等，如图 2-19 所示。

3．正交

在绘图过程中，使用正交功能，可以将光标限制为只能在水平或垂直方向上移动，以便于精确地创建和修改对象。可通过单击状态栏中的【正交模式】按钮 或按 F8 功能键启用或禁用正交模式。

2.3.2 极轴追踪

使用极轴追踪功能可在绘图区域中根据用户指定的极轴角度绘制具有一定角度的直线。在状态栏中单击【极轴追踪】按钮 或按下 F10 功能键，即可启用极轴追踪功能。

开启极轴追踪功能后，当十字光标靠近用户指定的极轴角度时，在十字光标的一侧就会显示当前点距离前一点的长度、角度及极轴追踪的轨迹，如图 2-20 所示。

系统默认的极轴追踪角度是 90°，用户可以在【草图设置】对话框的【极轴追踪】选项卡中对极轴角度的大小进行设置，如图 2-21 所示。

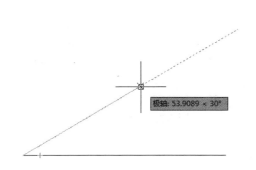

图 2-20　极轴追踪轨迹

图 2-21　【极轴追踪】选项卡

【极轴追踪】选项卡中各选项说明如下。

①【启用极轴追踪】：选中该复选框，将启用极轴功能。

②【增量角】：在下拉列表框中选择或直接输入角度值来指定极轴角度。

③【附加角】：选中该复选框后单击"新建"按钮，在列表框中可追加多个极轴角度。

④【对象捕捉追踪设置】：用于设置对象捕捉追踪的显示方式。选择【仅正交追踪】单选项，只显示捕捉的正交追踪路径；选择【用所有极轴角设置追踪】单选项，光标将从捕捉点开始沿极轴角度进行追踪。

⑤【极轴角测量】：用于更改极轴的角度类型。默认选择【绝对】单选项，即以当前用户坐标系确定极轴追踪的角度；如果选择【相对上一段】单选项，则根据上一个绘制线段确定极轴的追踪角度。

2.3.3 对象捕捉

对象捕捉可指定对象上的精确位置，捕捉图形端点、圆心、切点和中心以及交点等。使用对象捕捉功能，可快速、准确地捕捉到这些特征点，从而达到准确绘图的效果。在 AutoCAD

中使用的对象捕捉模式主要有以下 4 种。

1. 草图设置捕捉模式

要执行对象捕捉操作，首先需要指定捕捉该点的类型，然后系统进入自动捕捉模式，该捕捉模式是常规绘图过程中最常用的捕捉模式。

右键单击状态栏中的【对象捕捉】按钮口，在打开的快捷菜单中选择【设置】命令。然后在打开的对话框中选择对象捕捉点的方式，如图 2-22 所示。

2. 工具栏设置捕捉模式

当在绘图过程中要求指定点时，特别是指定临时跟随点或捕捉指定点，需要使用【对象捕捉】工具栏中的各种特征点按钮，将光标移动到捕捉对象的特征点附近，即可捕捉到相应的点，如图 2-23 所示。

图 2-22　【对象捕捉】选项卡

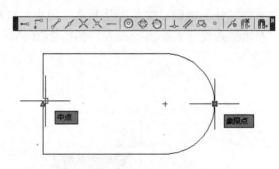

图 2-23　特征点捕捉

3. 右键菜单捕捉模式

使用右键菜单指定捕捉类型是一种非常简便的捕捉设置方式。该方式与【对象捕捉】工具栏具有相同的效果，但是操作更加方便。

图 2-24　【对象捕捉】右键
快捷菜单

按住 Shift 键在绘图区中单击右键，将会打开【对象捕捉】快捷菜单，可以方便地在快捷菜单中选择对象捕捉的方式，如图 2-24 所示。

4. 输入命令捕捉模式

在绘图或编辑图形时要捕捉特殊点，可以在命令窗口中输入捕捉命令（例如，圆心捕捉命令为 CEN，端点捕捉命令为 ENDP），同样，可以在图形中捕捉特殊点。

2.3.4　动态输入

在 AutoCAD 2012 中启用动态输入功能，就会在指针位置显示标注输入和命令提示等信息，以帮助用户专注于绘图区域，从而极大地提高设计效率，而且信息会随着光标移动动态更新。单击状态栏中的【动态输入】按钮 +，即可启用动态输入功能。

启用动态输入功能后，绘图时可以根据显示的信息直接输入数据。该功能还可以显示图形的标注信息等。在状态栏中的【动态输入】按钮上单击右键，在弹出的快捷菜单上选择【设置】命令，打开【草图设置】对话框，选择【动态输入】选项卡，可以设置动态输入的参数，如图 2-25 所示。

1. 指针输入

当启用指针输入且正在执行命令时，将在十字光标附近的工具提示中显示其坐标。用户可以在工具提示中输入坐标值，而不用在命令窗口中输入。

在【动态输入】选项卡中选中【启用指针输入】复选框，可打开动态指针显示。在【指针输入】栏中单击【设置】按钮，即可弹出【指针输入设置】对话框，在此可以设置显示信息的格式和可见性，图 2-26 所示。

图 2-25 　【动态输入】选项卡

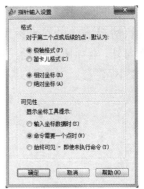

图 2-26 　【指针输入设置】对话框

2. 启用标注输入

启用标注输入功能后，当命令提示指定第二点时，工具提示将显示距离和角度值，而且在工具提示中的数值将会随着光标的移动而改变，此时按下 Tab 键可以切换到要更改的数值。标注输入可用于直线和多段线、弧、椭圆、圆等图形对象。

在【动态输入】选项卡中选中【可能时启用标注输入】复选框，单击【标注输入】栏中的【设置】按钮，将会弹出【标注输入的设置】对话框，用户可以在此设置标注输入的字段数和内容，如图 2-27 所示。

在【动态输入】选项卡中单击【绘图工具提示外观】按钮，系统将会弹出【工具提示外观】对话框，用户可以在此设置工具栏提示的颜色和大小等，如图 2-28 所示。

图 2-27 　标注输入设置

图 2-28 　【工具提示外观】对话框

2.4 坐标与坐标系

AutoCAD 提供了一个三维的绘图空间,通常的建模工作都是在这个空间中进行的。系统为这个三维空间提供了一个绝对的坐标系,称为世界坐标系(WCS,World Coordinate System),这个坐标系存在于任何一个图形之中,并且不可更改。图形文件中的所有对象均由其 WCS 坐标定义。但是,使用可移动的用户坐标系创建和编辑对象通常会更方便。

2.4.1 世界坐标系

WCS 由 3 个相互垂直并相交的坐标轴 X、Y 和 Z 轴组成。在绘图和编辑图形的过程中,WCS 是默认的坐标系统,其坐标原点和坐标轴方向都不会改变。

在默认情况下,世界坐标系统 X 轴正方向水平向右,Y 轴正方向垂直向上,Z 轴正方向垂直屏幕向外,坐标原点在绘图区的左下角。通常,AutoCAD 构造新图形时将自动使用 WCS,虽然 WCS 不可更改,但可以从任意角度、任意方向来观察图形,如图 2-29 所示。

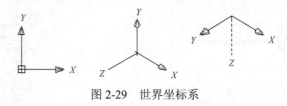

图 2-29　世界坐标系

2.4.2 用户坐标系

相对于世界坐标系,可根据需要创建无限多的坐标系,这些坐标系称为用户坐标系(UCS,User Coordinate System)。UCS 可以在绘图过程中根据具体需要而定义,这一点在创建复杂三维模型时的作用非常突出。例如,可以将 UCS 设置在斜面上,也可以根据需要设置成与侧立面重合或平行的状态,如图 2-30 所示。

2.4.3 坐标的显示控制

绘图区中坐标的显示样式、大小和颜色等是在【UCS 图标】对话框中设置的。

从菜单栏依次选择【视图】→【显示】→【UCS 图标】→【特性】命令,打开【UCS 图标】对话框,如图 2-31 所示。

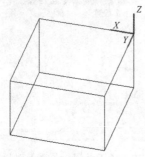

图 2-30　用户坐标系

图 2-31　【UCS 图标】对话框

2.4.4　坐标的表示

1．直角坐标系中的表示

直角坐标系又称为笛卡儿坐标系，由一个原点和两个通过原点的、相互垂直的坐标轴构成，如图 2-32 所示。其中，水平方向的坐标轴为 X 轴，以向右为其正方向；垂直方向的坐标轴为 Y 轴，以向上为其正方向。平面上任何一点 P 都可以由 X 轴和 Y 轴的坐标所定义，即用一对坐标值（x,y）来定义一个点。例如，某点的直角坐标为（7,5）。

2．极坐标系中的表示

极坐标系由一个极点和一个极轴构成，极轴的方向为水平向右，如图 2-33 所示。平面上任何一点 P 都可以由该点到极点的连线长度 L（>0）和连线与极轴的交角 α（极角，逆时针方向为正）所定义，即用一对坐标值（L<α）来定义一个点，其中"<"表示角度。例如，某点的极坐标为（130<45）。

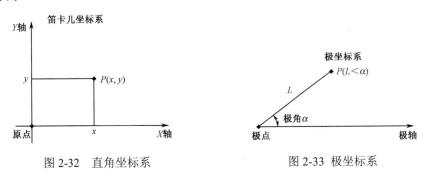

图 2-32　直角坐标系　　　　　　图 2-33　极坐标系

2.4.5　坐标输入

在命令提示输入点时，可以使用定点设备指定点，也可以在命令提示下输入坐标值。打开动态输入时，可以在光标旁边的工具提示中输入坐标值。可以按照笛卡儿坐标（x,y）或极坐标输入二维坐标值。

1．绝对坐标输入

绝对坐标以左下角的原点（0,0,0）为基点来定义所有的点。绘图区内任何一点均可用（x,y,z）来表示，可以通过输入 X、Y、Z（中间用逗号间隔）轴坐标值来定义点的位置。例如：绘制一条直线段 AB，端点坐标分别为 A（15,15,0）和 B（45,45,0）。

2．相对坐标输入

在某些情况下，需要直接通过点与点之间的相对位移来绘制图形，而不想指定每个点的绝对坐标。为此，AutoCAD 提供了使用相对坐标的办法。所谓相对坐标，就是某点与相对点的相对位移值。在 AutoCAD 中，相对坐标用"@"标记。使用相对坐标时可以使用笛卡儿坐标，也可以使用极坐标，可根据具体情况而定。

例如，某一直线的起点坐标为（20,10），终点坐标为（40,10），则终点相对于起点的相对坐标为：（@20,0），也可用相对极坐标表示为：（@20<0）。

3．坐标值的显示

在工作窗口底部的状态栏中能够显示当前光标所处位置的坐标值，该坐标值有三种显示状态，如图 2-34 所示。

绝对坐标状态：显示光标所在位置的坐标。

相对极坐标状态：在相对于前一点来指定第二点时可使用此状态。

关闭状态：颜色变为灰色，并"冻结"关闭时所显示的坐标值。

用户可根据需要在这三种状态之间进行切换，方法如下：右键单击状态栏中显示坐标值的区域，在弹出的快捷菜单中选择相应的命令，如图 2-35 所示。

图 2-34　坐标值的显示

图 2-35　坐标显示快捷菜单

实训 2

启动 AutoCAD 2012 程序，利用向导创建一个名为"我的练习"的新图形文档并保存至指定文件夹中。具体的操作步骤如下。

1）从【开始】菜单依次选择【所有程序】→【AutoCAD 2012 - Simplified Chinese】→【AutoCAD 2012】命令或从桌面双击程序快捷图标，启动 AutoCAD 2012 程序。

2）在弹出的【创建新图形】对话框中，选择【使用向导】按钮→【快速设置】项，【单位】设为小数，【区域】设为 420×297。

3）单击程序窗口左上角的【应用程序】按钮，从应用程序菜单中选择【选项】命令，在弹出的【选项】对话框中选择【显示】选项卡，单击【颜色】按钮，在弹出的【图形窗口颜色】对话框中，将【颜色】设为黑色，单击【应用并关闭】按钮，完成绘图区背景颜色的设置。

4）在菜单栏中选择【格式】→【单位】命令，在弹出的【图形单位】对话框中进行单位设置，【类型】设为小数，【精度】设为 0，【插入时的缩放单位】设为毫米，【光源】设为国际。

5）单击快速访问工具栏中的【保存】按钮，在弹出的【图形另存为】对话框中选择路径，将图形文档保存至指定位置，文件名为"我的练习"。

练习题 2

1．在 AutoCAD 2012 中可以使用哪几种方法创建和打开图形文件？

2．设置绘图环境包括哪些方面的配置？

3．在 AutoCAD 2012 中，栅格的样式有哪些？如何调用？

4．使用动态输入有什么作用？如何设置动态输入中的工具提示？

5．在绘图时，如何使用捕捉、追踪、栅格和正交模式定位点？

6．利用本章所学内容创建一个名为"绘图基础"的图形文件并保存至指定位置。

第3章　图层的设置与管理

图层是图形绘制中使用的重要组织工具，可以使用图层将信息按功能编组，以及执行线型、颜色或其他标准。在 AutoCAD 中，图层相当于绘图中使用的重叠图纸，一个完整的 CAD 图形通常由一个或多个图层组成。AutoCAD 把线型、线宽、颜色等作为对象的基本特性，用图层来管理这些特性。

通过创建图层，用户可以将类型相似的图形对象指定给同一图层以使其相关联。例如，可以将构造线、文字、尺寸标注和标题栏置于不同的图层上，而不是将整个图形均创建在"0"图层上，这样，用户可以方便地控制各图层对象的颜色、线型、线宽、可见性等特性。用户还可以使用图层控制对象的可见性，也可以锁定图层以防止意外修改对象。

3.1　设置图层特性

图层相当于使用多张重叠的图纸进行绘图，是绘制图形的主要组织工具。通常，在绘制图形之前需要先进行图层的设置，这样便于编辑和管理图形文件。通过设置图层，可改变图层的线型、颜色、线宽、状态、名称、打开、关闭以及冻结、解冻等特性，极大地提高绘图速度和效率。

3.1.1　图层特性管理器

图层是将图形中的对象进行分组管理的工具。通过分层管理，可以利用图层的特性来区分不同的对象，这样便于图形的修改和使用。

在功能区【常用】选项卡的图层面板中单击【图层特性】按钮，将打开图层特性管理器，如图 3-1 所示。

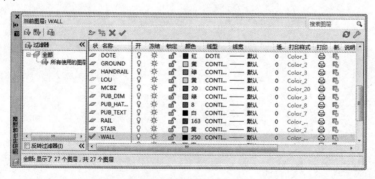

图 3-1　图层特性管理器

用户可以控制图层列表框中各属性列的显示或隐藏，方法是：在图层属性列标题上单击右键，从打开的快捷菜单中选中或取消选中相应的选项即可，如图 3-2 所示。

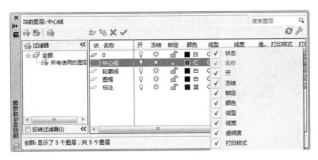

图 3-2 显示或隐藏图层属性列

3.1.2 创建和命名图层

在图形绘制过程中，用户可以为类型相近的一组对象创建和命名图层，并为这些图层指定通用特性。对于一个图形，可创建的图层数和在每个图层中创建的对象数都是没有限制的。只要将对象分类并置于各自的图层中，即可方便、有效地对图形进行编辑和管理。

1. 打开图层特性管理器的方法

在 AutoCAD 2012 中，用户可以通过以下方法打开图层特性管理器。

- 从菜单栏中选择【格式】→【图层】命令。
- 在功能区【常用】选项卡的【图层】面板中单击【图层特性】按钮 。
- 在命令窗口中输入 LAYER，按 Enter 键执行。

2. 创建图层

新创建的图形文件中仅有一个默认图层，为满足绘图要求，用户应根据需要创建多个图层，并设置各图层的特性。

在图层特性管理器中，单击【新建图层】按钮 ，在图层列表框中将自动添加名为"图层 1"的图层，所添加的图层呈被选中（即高亮显示）状态，如图 3-3 所示。

图 3-3 新建图层

在图层的【名称】列将新建的图层命名为"中心线"。图层名最多可包含 255 个字符，其中包括字母、数字和特殊字符。利用上述方法创建多个图层，并以同样的方法为每个新建图层命名，如图 3-4 所示。

每个新图层的特性都被指定为默认设置。用户可以使用默认设置，也可以根据需要给每个图层指定新的颜色、线型、线宽和打印样式。如果在创建新图层之前选中了一个现有的图层，新建的图层将继承所选定图层的特性。

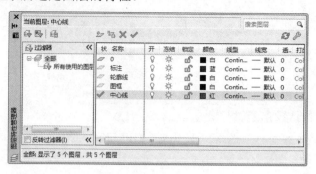

图 3-4　创建和命名图层

3．将图层置为当前层

在绘图时，所有对象都是在当前图层上创建的，通过将不同图层指定为当前图层，用户可以在不同的图层之间进行切换。在 AutoCAD 中，用户可通过多种方法将某一个图层指定为当前图层。

① 在功能区【常用】选项卡的【图层】面板中，从图层控件下拉列表中选择其中的一个图层，该图层即置为当前图层，如图 3-5 所示。

② 在图层特性管理器的图层列表框中选择一个图层，然后单击列表框上面的 ✔ 按钮；或者在图层名上双击；或者在图层名上单击右键，从弹出的快捷菜单中选择【置为当前】命令，如图 3-6 所示。

图 3-5　图层控件下拉列表

图 3-6　图层快捷菜单

③ 如果需要将某个对象所在的图层指定为当前图层，可先在绘图区域选中该对象，然后在【图层】工具栏上单击【把对象的图层置为当前】按钮 即可。也可以先单击【把对象的图层置为当前】按钮 ，然后再选择一个对象来改变当前图层。

并不是所有图层都可以被指定为当前图层，对于被冻结的图层或依赖外部参照的图层，不可以设定为当前图层。用户总是在当前图层上进行绘图，当前图层只能有一个。

3.2　管理图层特性

3.2.1　控制图层的可见性

对图层进行关闭或冻结操作，可以隐藏该图层上的对象。关闭图层后，该图层上的图形将不能被显示或打印。冻结图层后，AutoCAD 不能在被冻结图层上显示、打印或重生成对象。打开已关闭的图层时，AutoCAD 将重画该图层上的对象。解冻已冻结的图层时，AutoCAD 将重生成图形并显示该图层上的对象。关闭而不冻结图层，可避免每次解冻图层时重新生成图形。

1. 打开或关闭图层

当某些图层需要频繁地切换其可见性时，选择关闭该图层而不是冻结。这样，当再次打开已关闭的图层时，图层上的对象会自动重新显示。关闭图层可以使图层上的对象不可见。

要打开或关闭图层，在【图层】面板的图层控件下拉列表或图层特性管理器的图层列表框中，单击该图层的【开/关】列中的灯泡图标 💡。当图标显示为黄色时，图层处于打开状态；当图标显示为白色时，图层处于关闭状态。如图 3-7 所示，"注释"和"尺寸"两个图层都处于关闭状态。

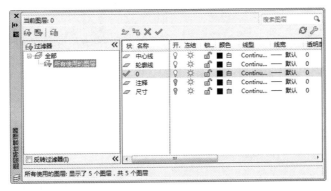

图 3-7　打开或关闭图层

2. 冻结和解冻图层

已冻结图层上的对象不可见，并且不会遮盖其他对象。在复杂的图形中，冻结不需要的图层可以加快显示和重新生成的操作速度。解冻一个或多个图层可能会导致重新生成图形，冻结和解冻图层比打开和关闭图层需要更多的时间。当要冻结或解冻图层时，在【图层】面板的图层控件下拉列表或图层特性管理器的图层列表框中，单击该图层的【冻结】列中的太阳图标即可。当图标显示为太阳形状时，所选图层处于解冻状态；当图标显示为雪花形状时，所选图层处于冻结状态。如图 3-8 所示，"注释"和"尺寸"两个图层处于冻结状态。

图 3-8　冻结和解冻图层

3. 锁定图层

锁定某个图层后，用户无法修改该图层上的所有对象。锁定图层可以降低意外修改对象的可能性。此时，用户仍然可以将对象捕捉应用于锁定图层上的对象，且可以执行不会修改这些对象的其他操作。

在【图层】面板或图层特性管理器中，单击【锁定】列中的锁形图标。当图标显示为打开状态时，表示该图层未被锁定；当图标显示为锁上状态时，表示该图层处于锁定状态。如图 3-9 所示，"注释"和"尺寸"两个图层处于锁定状态。

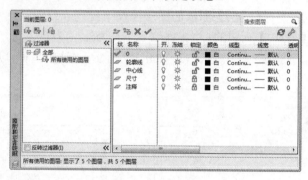

图 3-9　锁定图层

3.2.2　设置图层颜色

通过图层为图形对象指定颜色，可以帮助用户方便、直观地将对象进行编组。用户可以随图层将颜色指定给对象，也可以单独指定颜色。通过图层为图形对象指定颜色可以使用户轻松识别图形中的每个图层。不建议单独为图形对象指定颜色，那样会使同一图层的对象之间产生色彩差别，不便于管理图层和控制图形对象。

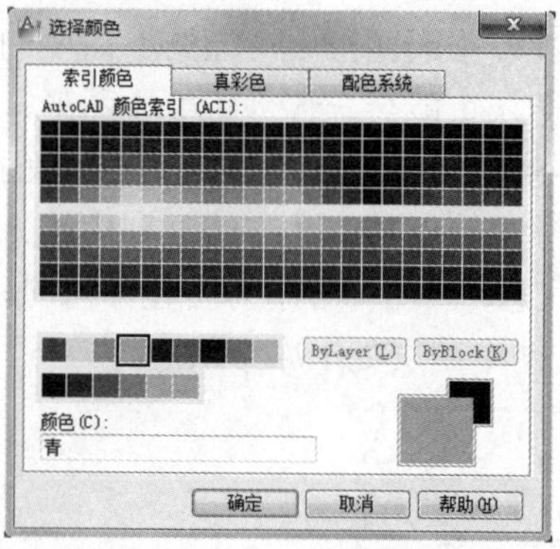

从图层特性管理器中单击【颜色】列中相应图层的"■ 白"按钮，弹出【选择颜色】对话框，如图 3-10 所示。在【选择颜色】对话框中，用户可以通过【索引颜色（ACI）】、【真彩色】、【配色系统】选项卡，选择相应类型的色彩系统。

图 3-10　【选择颜色】对话框

3.2.3　设置图层线型

线型是由虚线、点和空格组成的重复图案，显示为直线或曲线。用户可以通过图层将线型指定给对象。除选择线型外，还需要将线型比例设置为控制虚线和空格的大小，也可以根据需要创建自定义线型。在绘图过程中要用到不同类型和样式的线型，每种线型在图形中所代表的含义也各不相同。默认的线型为 Continuous 线型（实线型），需要根据实际情况修改线型，同时还可以设置线型比例以控制虚线和点画线等线型的显示。

在图层特性管理器中单击【线型】列中的【Continuous】按钮，系统将会弹出【选择线型】对话框，如图 3-11 所示。在【选择线型】对话框中，单击【加载】按钮，将会弹出【加载或重载线型】对话框，如图 3-12 所示。

　　用户可以在【加载或重载线型】对话框中选择所需线型，然后单击【确定】按钮，返回【选择线型】对话框，完成线型的设置。

图 3-11　【选择线型】对话框

图 3-12　【加载或重载线型】对话框

　　如果从菜单栏中选择【格式】→【线型】命令，系统将弹出如图 3-13 所示的【线型管理器】对话框。单击【显示细节】按钮，在其右下角的【全局比例因子】框中，用户可设置线型的比例值，用于调整虚线和点画线的横线与空格的比例。

图 3-13　【线型管理器】对话框

　　在工程图的绘制过程中，一般习惯将中心线图层的线型设置为"点画线"，其他图层大多为"实线"。用户还可以在【特性】选项板中设置图形对象的线型比例因子。通过全局更改或分别更改每个对象的线型比例因子，能够以不同的比例使用同一种线型。在默认情况下，全局线型和独立线型的比例均设置为 1.0。比例越小，在每个绘图单位中生成的重复图案数越多。

3.2.4　设置图层线宽

　　在绘图过程中，有时线型的宽度显示得不太理想，这主要是由于线宽显示设置不合理的缘故。在 AutoCAD 2012 中提供了显示线宽的功能，用户可以根据自己的需要选择所需的线宽。

　　线宽是指定给图形对象以及某些类型的文字的宽度值。使用线宽，可以用粗线和细线清楚地表现出截面的剖切方式、标高的深度、尺寸线和刻度线，以及细节上的不同。

　　在图层特性管理器中单击【线宽】列中的"默认"按钮，弹出【线宽】对话框，如图 3-14 所示。用户可以根据需要选择

图 3-14　【线宽】对话框

相应的线宽选项。最后，单击【确定】按钮完成线宽设置。另外，用户需要在状态栏中单击【显示/隐藏线宽】按钮，来切换线宽的显示状态。

在模型空间中显示的线宽不随缩放比例而变化。例如，无论如何放大，以 4 个像素的宽度表示的线宽值总是用 4 个像素显示。如果要使对象的线宽在模型窗口中显示得更厚些或更薄些，可以更改显示比例而不影响线宽的打印值。在布局窗口中和打印预览时，线宽以实际单位显示，并随缩放比例而变化。用户可以通过【打印】对话框中的【打印设置】选项卡来控制图形中线宽的打印和缩放。

3.3　图层过滤和排序

使用图层过滤可以控制图层特性管理器中列出的图层名，并且可以按图层名或图层特性（例如，颜色或可见性）对其进行排序。图层过滤器可限制图层特性管理器和【图层】面板上的图层控件下拉列表中显示的图层名。在复杂的图形中，用户可以使用图层过滤器选择仅显示需要使用的图层。AutoCAD 2012 提供了两种图层过滤器：

- 图层特性过滤器：包括名称或其他特性相同的图层。例如，可以定义一个过滤器，其中包括颜色为红色，并且名称中包含特定字符的所有图层。
- 图层组过滤器：包括在定义时放入过滤器的图层，而不考虑其名称或特性。通过将选定图层拖动到过滤器中，可以从图层列表中添加选定图层。

图层特性管理器中的树状图显示了默认的图层过滤器，以及在当前图形中创建并保存的所有命名过滤器。图层过滤器旁边的图标用于指示过滤器的类型。有 5 种默认过滤器。

【全部】：显示当前图形中的所有图层（始终显示过滤器）。

【所有使用的图层】：显示在当前图形中绘制的对象上的所有图层（始终显示过滤器）。

【外部参照】：如果图形附着了外部参照，则显示从其他图形参照的所有图层。

【视口替代】：如果存在当前视口替代的图层，将显示包含特性替代的所有图层。

【未协调的新图层】：自上次打开、保存、重载或打印图形后如果添加了新图层，将显示未协调的新图层的列表。

当用户命名并定义了图层过滤器之后，可以在树状图中选择该过滤器，以在列表视图中显示图层。也可以将过滤器应用于【图层】面板，以便图层控件下拉列表仅显示当前过滤器中的图层。在树状图中选择一个过滤器并单击右键，可以使用快捷菜单中的命令删除、重命名或修改过滤器。

实训 3

根据本章所学内容，为绘制工程图创建相应图层，完成如图 3-15 所示的图层设置。具体的操作步骤如下。

1）从【开始】菜单依次选择【所有程序】→【AutoCAD 2012 - Simplified Chinese】→【AutoCAD 2012】命令或从桌面双击程序快捷图标，启动 AutoCAD 2012。新建一个图形文件，并将工作空间选为"草图与注释"。

2）在功能区【常用】选项卡的【图层】面板中单击【图层特性】按钮，调用图层特性管理器。

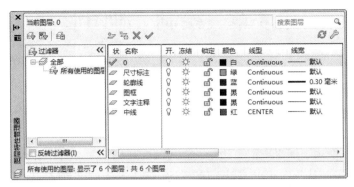

图 3-15　图层设置实训

3）新建图层。在图层特性管理器中单击【新建图层】按钮　，依次创建 5 个图层，分别命名为"中线"、"轮廓线"、"尺寸标注"、"文字注释"和"图框"。

4）将图层"中线"的【颜色】设为"红"，【线型】设为"CENTER"，【线宽】设为"默认"。

5）将图层"轮廓线"的【颜色】设为"蓝"，【线型】设为"Continuous"，【线宽】设为"0.30 毫米"。

6）将图层"尺寸标注"的【颜色】设为"绿"，【线型】设为"Continuous"，【线宽】设为"默认"。

7）将图层"文字注释"的【颜色】设为"黑"，其余为默认选项。

8）将图层"图框"的【颜色】设为"黑"，其余为默认选项。

9）完成图层的设置，结果如图 3-15 所示。将文件保存至指定位置，文件名为"图层设置练习"。

练习题 3

1．AutoCAD 2012 中的图层特性管理器有什么作用？

2．在绘图过程中，用户可以通过哪些方式指定当前图层？

3．打开/关闭图层的目的是什么？

4．使用图层过滤器有什么作用？

5．根据本章所学内容，为图形文件创建图层，完成如图 3-16 所示的图层设置。

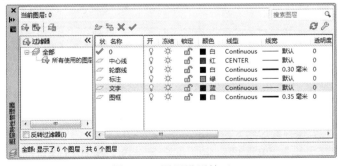

图 3-16　图层设置练习

第 4 章　绘制二维图形

在建筑或机械等图形的绘制中，任何简单或复杂的工程图都是由点、直线、圆、圆弧、矩形、多边形等最基本的几何图形组合而成的，它们是构成工程图的基本元素。只有熟练地掌握这些基本图形的绘制方法和技巧，才能方便、快捷地绘制出各行各业所需的各种图形。

二维图形对象的绘制是 AutoCAD 的绘图基础，主要包括直线、构造线、射线、多线、圆、圆弧、椭圆、椭圆弧、矩形、正多边形、多段线、圆环、样条曲线等内容。AutoCAD 2012 为用户提供了多种绘制基本图形的方法，本章学习基本图形的绘制方法。

4.1　绘制点与等分对象

在 AutoCAD 中绘图时，点是组成图形的最基本元素，通常作为对象捕捉的参考对象，例如标记对象的结点、参考点和圆心点等。绘图完成后可以将这些参考点删除或隐藏。绘制点时可以通过单击直接确定，也可以通过坐标来完成。

4.1.1　设置点样式

在默认情况下，AutoCAD 不显示绘制的点对象。因此在绘制点之前通常要先设置点样式，必要时自定义点的大小，否则点将与线重合在一起，无法看到点。设置点样式的操作方法如下：

- 从菜单栏中选择【格式】→【点样式】命令。
- 在命令窗口中输入 DDPTYPE 命令，按 Enter 键。

执行该命令，程序将会弹出【点样式】对话框，如图 4-1 所示。

可以在【点样式】对话框中选择需要的样式，并且可以设置点的大小，如图 4-2 所示。在此提供了两种设置点大小的方式。

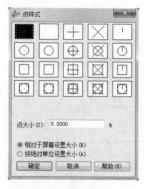

图 4-1　【点样式】对话框

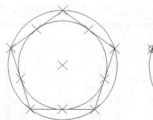

图 4-2　点样式效果

【相对于屏幕设置大小】：单选项，将按屏幕尺寸的百分比设置点的显示大小。当缩放图形时，绘图区中点的显示大小不变。

【按绝对单位设置大小】：单选项，可在【点大小】框中输入数值定义点的大小。当缩放图形时，绘图区中点的显示大小也会随之改变。

4.1.2　绘制单点或多点

在 AutoCAD 中，单点和多点通常作为圆心标记或者定位标记来使用。在绘图时，直接调用命令的情况很少，多数情况是通过执行菜单命令来绘制的。

1．绘制单点

在 AutoCAD 2012 中，每执行一次【单点】命令只能绘制一个单点。绘制单点的操作方法如下：

- 从菜单栏中选择【绘图】→【点】→【单点】命令。
- 在命令窗口中输入 POINT 命令，按 Enter 键。

执行该命令后，命令行提示如下：

```
命令：_point（执行单点命令）
当前点模式：PDMODE=35  PDSIZE=0.0000
指定点：（在绘图区域中单击，确定点的位置）
```

2．绘制多点

如果若需要连续绘制多个点，使用【单点】命令会显得十分烦琐，而且会影响绘图效率。可以使用【多点】命令，就能很好地解决这个问题。绘制多点的操作方法如下：

- 从菜单栏中选择【绘图】→【点】→【多点】命令。
- 在功能区【常用】选项卡的【绘图】面板中单击【多点】按钮 。

执行该命令后，即可在绘图区中连续绘制多个点对象。完成多点绘制后，按 Esc 键退出命令。

3．在指定位置绘制单点和多点

由于点主要起到定位标记参照的作用，因此在绘制点时不能够任意确定点的位置。确定点的位置的方法有以下 3 种。

（1）鼠标输入法

此方法是在绘图时最常用的输入方法，即直接在绘图区的指定位置单击，即可指定点。在 AutoCAD 中，坐标的显示采用动态直角坐标，当移动鼠标指针时，十字光标和坐标值将连续更新，随时指示当前光标位置的坐标值。

（2）键盘输入法

此方法通过键盘在命令窗口中输入参数值来确定位置的坐标。

（3）用指定距离的方式输入

此方法是鼠标输入法和键盘输入法的结合，当命令窗口中提示输入一个点时，首先将鼠标指针移至输入点附近（不要单击）用来确定方向，然后通过键盘直接输入一个相对于前一点的距离，按回车键即可确定点的位置。

4.1.3 绘制等分点

在 AutoCAD 2012 中不仅可以在绘图区中任意位置绘制点，也可以在所选对象上插入等分点。根据需要，等分点通常用于绘制按规律分布的对象或用于辅助定位。

1．定数等分点

定数等分点是指在对象上放置等分点，将选择的对象等分为指定的几段，用于辅助绘制其他图形。绘制定数等分点的操作方法如下：

- 从菜单栏中选择【绘图】→【点】→【定数等分】命令。
- 在功能区【常用】选项卡的【绘图】面板中单击【定数等分】按钮 ⚞定数等分。
- 在命令窗口中输入 DIVIDE 命令，按 Enter 键。

例如，为一矩形绘制 8 等分点。执行该命令，根据命令提示选择要等分的图形对象，并指定等分数量，即可完成定数等分点的绘制。命令行提示如下：

> 命令：_divide（执行定数等分命令）
> 选择要定数等分的对象：（指定要进行等分的图形对象）
> 输入线段数目或 [块(B)]：8（将等分数量设为 8）

完成命令操作，结果如图 4-3 所示。

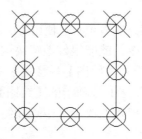

图 4-3 定数等分点

2．定距等分点

定距等分点是指在所选对象上按指定距离绘制多个点对象。绘制定距等分点的操作方法如下：

- 从菜单栏中选择【绘图】→【点】→【定距等分】命令。
- 在功能区【常用】选项卡的【绘图】面板中单击【定距等分】按钮 ⚟定距等分。
- 在命令窗口中输入 MEASURE 命令，按 Enter 键。

例如，为一个圆形绘制间距为 20 的等分点。执行该命令，根据命令提示选择要等分的图形对象，并指定等分间距，即可完成定距等分点的绘制。命令行提示如下：

> 命令：_measure（执行定距等分命令）
> 选择要定距等分的对象：（指定要进行等分的图形对象）
> 指定线段长度或 [块(B)]：50（将等分间距设为 50）

完成命令操作，结果如图 4-4 所示。

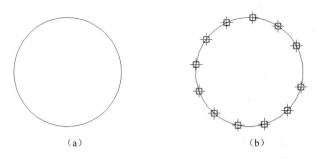

（a）   （b）

图 4-4　定距等分点

4.2　绘制直线型对象

线条是图形的主要组成部分，主要有直线型和曲线型两种。本节将介绍绘制直线型对象的方法，包括直线、射线和构造线等。

4.2.1　绘制直线

在 AutoCAD 中，直线是最基本的线性对象，是绘图中最常用、最简单的一类图形对象。直线一般由位置和长度两个参数确定，只要指定直线的起点和终点，或者指定直线的起点和长度，就可以确定直线。绘制直线的操作方法如下：

- 从菜单栏中选择【绘图】→【直线】命令。
- 在功能区【常用】选项卡的【绘图】面板中单击【直线】按钮 。
- 在命令窗口中输入 LINE 命令，按 Enter 键。

执行该命令并绘制一条线段后，可继续绘制首尾相连的封闭图形。命令行提示如下：

命令：_line 指定第一点：（执行直线命令并指定第一点）

指定下一点或 [放弃(U)]：（单击下一点）

指定下一点或 [放弃(U)]：（单击下一点）

指定下一点或 [闭合(C)/放弃(U)]：（单击下一点）

指定下一点或 [闭合(C)/放弃(U)]：（单击下一点）

指定下一点或 [闭合(C)/放弃(U)]：（单击下一点）

指定下一点或 [闭合(C)/放弃(U)]：c（选择闭合选项。注意，命令行输入不区分大小写）

完成命令操作，结果如图 4-5 所示。

图 4-5　绘制直线

4.2.2　绘制射线

　　射线是一端固定另一端无限延伸的直线，只有起点没有终点或终点无穷远。射线主要用于绘制图形中投影所得线段的辅助引线，或绘制某些长度参数不确定的角度等类型的线段。在 AutoCAD 中可以绘制任意角度的射线，绘制射线的操作方法如下：

- 从菜单栏中选择【绘图】→【射线】命令。
- 在功能区【常用】选项卡的【绘图】面板中单击【射线】按钮✐。
- 在命令窗口中输入 RAY 命令，按 Enter 键。

　　射线通常用于辅助绘图，也可以用修剪等编辑命令进行编辑后使其成为图形的一部分。在绘制射线的指定通过点时，如果要使其保持一定的角度，最好采用输入点的极坐标方式进行绘制，长度可以是任意非零的数值。

4.2.3　绘制构造线

　　构造线是两端无限延长的直线，与射线相比，它既没有起点也没有终点。构造线在绘图中主要用于绘制辅助线、轴线或中心线等。绘制构造线的操作方法如下：

- 从菜单栏中选择【绘图】→【构造线】命令。
- 在功能区【常用】选项卡的【绘图】面板中单击【构造线】按钮✐。
- 在命令窗口中输入 XLINE 命令，按 Enter 键。

　　执行该命令，命令行将显示"指定点或水平（H）垂直（V）角度（A）二等分（B）偏移（O）"提示信息，各选项含义说明如下。

　　水平（H）：默认辅助线为水平线，单击一次绘制一条水平辅助线，直到用户单击右键或按回车键结束。

　　垂直（V）：默认辅助线为垂直线，单击一次绘制一条垂直辅助线，直到用户单击右键或按回车键结束。

　　角度（A）：绘制一条用户指定角度的倾斜辅助线，单击一次绘制一条倾斜辅助线，直到用户单击右键或按回车键结束。

　　二等分（B）：首先指定一个角的顶点，再分别确定该角两条边的两个端点，从而绘制一条辅助线。该辅助线通过用户指定角的顶点平分该角。

　　偏移（O）：绘制平行于另一个实体的一条辅助线，类似于偏移编辑命令。选择的另一个实体可以是辅助线、直线或复合线实体。

4.2.4　绘制矩形和正多边形

　　矩形和正多边形同属于多边形，图形中所有线段都不是孤立的，而是合成一个面域。在进行三维绘图时，无须进行直线面域操作，即可使用拉伸或旋转工具将该轮廓线转换为实体。正多边形和矩形命令的使用可以简化图形的绘制过程，操作非常方便。

1．绘制矩形

　　通过该命令可一次性绘制出所需的矩形，不必使用直线命令逐一绘制各条直线，而且在绘制矩形的过程中，还可以设置矩形的倒角、圆角效果和宽度、厚度值。绘制矩形的方法如下：

- 从菜单栏中选择【绘图】→【矩形】命令。
- 在功能区【常用】选项卡的【绘图】面板中单击【矩形】工具按钮▭。
- 在命令窗口中输入 RECTANG 命令，按 Enter 键。

绘制矩形的默认方法是指定矩形的两个对角点。执行该命令，命令行提示如下：

命令：_rectang（执行矩形绘制命令）

指定第一个角点或 [倒角(C)/标高(E)/圆角(F)/厚度(T)/宽度(W)]：（拾取角点 1）

指定另一个角点或 [面积(A)/尺寸(D)/旋转(R)]：（拾取对角点 2）

命令行中各选项的含义说明如下。

倒角（C）：绘制倒角矩形。在命令提示行中输入 c，按照系统提示输入第一个、第二个倒角距离，明确第一个和第二个角点，便可完成矩形的绘制。第一个倒角距离是沿 X 轴方向的长度距离，第二个倒角距离是沿 Y 轴方向的宽度距离。

标高（E）：设置矩形的绘图高度，该命令一般用于三维绘图中。在命令窗口中输入 E，并输入标高，然后明确第一个和第二个角点即可。

圆角（F）：绘制圆角矩形。在命令提示行中输入 f，并输入圆角半径参数值，然后明确第一个和第二个角点即可。

厚度（T）：绘制具有厚度特征的矩形。在命令提示行中输入 t，并输入厚度参数值，然后明确第一个和第二个角点即可。

宽度（W）：绘制具有宽度特征的矩形。在命令提示行中输入 w，并输入宽度参数值，然后明确第一个和第二个角点即可。

面积（A）：通过指定矩形的面积来绘制矩形。

尺寸（D）：通过指定矩形的长度和宽度来绘制矩形。

旋转（R）：绘制按指定的倾斜角度放置的矩形。

选择不同的选项将绘制出不同的矩形效果，但都必须指定第一个和第二个角点，从而确定矩形的大小。执行多种操作后会出现各种矩形样式如图 4-6 所示。

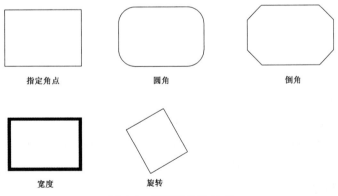

图 4-6 矩形的各种样式

2. 绘制正多边形

在 AutoCAD 中，利用【正多边形】工具可以快速绘制具有 3～1024 条边的正多边形，其中包括等边三角形、正方形、正五边形和正六边形等。绘制正多边形的操作方法如下：

- 从菜单栏中选择【绘图】→【正多边形】命令。
- 在功能区【常用】选项卡的【绘图】面板中单击【正多边形】按钮⬡。
- 在命令窗口中输入 POLYGON 命令，按 Enter 键。

执行该命令后可按照以下三种方法绘制正多边形。

内接圆法：使用该方法绘制的多边形，由多边形的中心到多边形的顶角点间的距离相等的边组成，也就是说，整个多边形位于一个虚构的圆中。单击【正多边形】按钮⬡，输入多边形的边数，并指定多边形的中心；然后选择"内接于圆"选项，并输入内接圆的半径值，即可完成多边形的绘制，效果如图 4-7 所示。

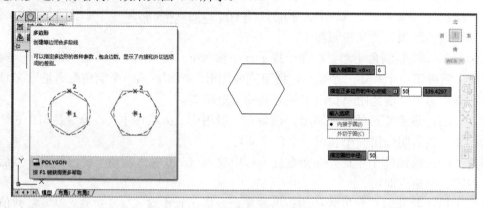

图 4-7 内接圆法绘制正多边形

外切圆法：使用该方法绘制的正多边形，所输入的半径值是多边形的中心至多边形任意边的垂直距离。单击【正多边形】按钮⬡，输入多边形的边数，并指定多边形的中心；然后选择"外切于圆"选项，输入外切圆的半径值，即可完成多边形的绘制，效果如图 4-8 所示。

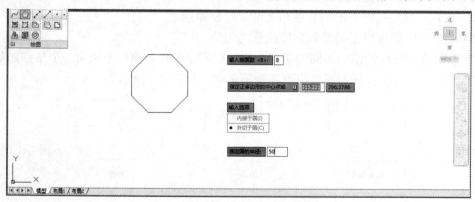

图 4-8 外切圆法绘制正多边形

边长法：设定正多边形的边长和一条边的两个端点，同样可以绘制出正多边形。此方法与上述方法类似，在指定中心点后输入 e，直接在绘图区中指定两点或在指定一点后输入边长即可绘制出所需多边形。

4.3 绘制曲线对象

在实际绘图过程中，图形中不仅有直线，还包含圆、圆弧、椭圆、椭圆弧以及圆环等曲线对象，而其操作方法要比绘制直线对象复杂，绘制方法也比较多。

4.3.1　绘制圆

在日常应用中，无论机械行业、建筑行业还是电子行业中，圆形的使用都非常多，所以必须熟练掌握圆的绘制方法。

圆是形状规则的曲线对象，是由指定点沿另一个点旋转一周所形成的曲线图形。要绘制圆的轮廓线，可以指定圆心、半径、直径、圆周上的点和其他对象上点的不同组合。绘制圆形的操作方法如下：

- 从菜单栏中选择【绘图】→【圆】命令，再从级联子菜单中选一种画圆方式。
- 在功能区【常用】选项卡的【绘图】面板中单击【圆形】按钮⊙。
- 在命令窗口中输入 CIRCLE 命令，按 Enter 键。

AutoCAD 提供了以下 6 种绘制圆形的方法，效果如图 4-9 所示。

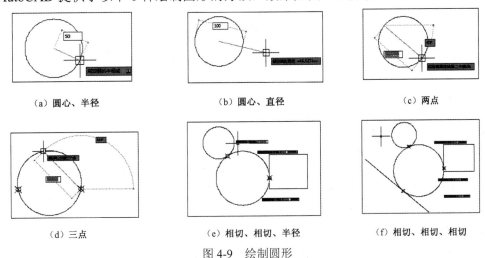

（a）圆心、半径　　　（b）圆心、直径　　　（c）两点

（d）三点　　　（e）相切、相切、半径　　　（f）相切、相切、相切

图 4-9　绘制圆形

"圆心、半径"：这是系统默认的绘制方式，只需在屏幕上指定一点作为圆心，然后输入半径，即可完成圆的绘制。

"圆心、直径"：在屏幕上指定圆心的位置，直接输入直径值即可完成绘制。

"两点"：利用两个点绘制圆，系统将提示指定圆的直径方向的两个端点。

"三点"：通过指定圆周上的三个点来绘制圆。

"相切、相切、半径"：用两个已知对象的切点和圆的半径来绘制圆。系统将提示指定圆的第一切线、第二切线上的点，以及圆的半径。（在使用该选项绘制圆时应注意，由于圆半径的限制，绘制的圆可能与已知对象不是实际相切，而是与其延长线相切。如果输入的圆半径不合适，也可能绘制不出所需的圆。）

"相切、相切、相切"：用三个已知对象的切点来绘制圆，系统会分别提示指定圆的三条切线上的点。

4.3.2　绘制圆弧

圆弧实际上就是圆的某个部分。AutoCAD 提供了多种绘制圆弧的方法，用户可以通过指定圆心、端点、起点、半径、角度、弦长和方向值的各种组合形式来绘制圆弧，如图 4-10 所示。圆弧的几何元素除了起点、端点和圆心外，还可由这三点得到半径、角度和弦长。绘制圆弧的操作方法如下：

- 从菜单栏中选择【绘图】→【圆弧】命令，再从级联子菜单中选一种绘制圆弧的方式。
- 在功能区【常用】选项卡的【绘图】面板中单击【圆弧】按钮 ⌒。
- 在命令窗口中输入 ARC 命令，按 Enter 键。

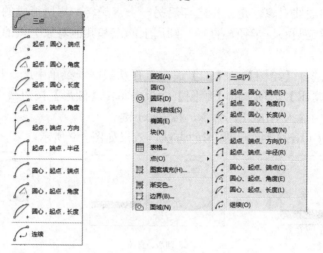

图 4-10 绘制圆弧的方式

采用"三点"方式绘制圆弧，命令行提示如下：

命令：_arc 指定圆弧的起点或 [圆心(C)]：（单击任意一点，确定圆弧起点）

指定圆弧的第二个点或 [圆心(C)/端点(E)]：（单击任意一点，确定圆弧上第二点）

指定圆弧的端点：（单击任意一点，确定圆弧端点）

完成命令操作，结果如图 4-11 所示。

采用"起点、圆心、端点"方式绘制圆弧，由起点和圆心之间的距离确定半径，端点由从圆心引出的通过第三点的直线确定。生成的圆弧始终从起点以逆时针方向绘制。命令行提示如下：

命令：_arc 指定圆弧的起点或 [圆心(C)]：（单击任意一点，确定圆弧起点）

指定圆弧的圆心：（单击任意一点，确定圆心）

指定圆弧的端点或 [角度(A)/弦长(L)]：（单击任意一点，确定圆弧端点）

完成命令操作，结果如图 4-12 所示。

图 4-11 "三点"方式绘制圆弧　　　图 4-12 "起点、圆心、端点"方式绘制圆弧

采用"起点、圆心、角度"方式绘制圆弧，由起点和圆心之间的距离确定半径，圆弧的另一端通过指定以圆弧圆心为顶点的夹角确定。生成的圆弧始终从起点以逆时针方向绘制。

命令行提示如下：

命令：_arc 指定圆弧的起点或 [圆心(C)]：（单击任意一点，确定圆弧起点）

指定圆弧的圆心：（单击任意一点，确定圆心）

指定圆弧的端点或 [角度(A)/弦长(L)]：_a 指定包含角：（单击任意一点，确定圆弧端点，或输入包含角度值）

完成命令操作，结果如图 4-13 所示。

采用"起点、圆心、长度"方式绘制圆弧，由起点和圆心之间的距离确定半径，圆弧的另一端通过指定圆弧起点和端点之间的弦长确定。生成的圆弧始终从起点以逆时针方向绘制。

命令行提示如下：

命令：_arc 指定圆弧的起点或 [圆心(C)]：（单击右侧斜线，确定圆弧起点）

指定圆弧的圆心：（单击下面弧线圆心，确定圆弧起点）

指定圆弧的端点或 [角度(A)/弦长(L)]：_l 指定弦长：（单击左侧斜线，确定圆弧端点）

完成命令操作，结果如图 4-14 所示。

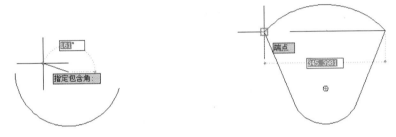

图 4-13　"起点、圆心、角度"方式绘制圆弧　　图 4-14　"起点、圆心、长度"方式绘制圆弧

4.3.3　绘制椭圆

椭圆的形状是由中心点、椭圆长轴和短轴 3 个参数来确定的。在绘图过程中经常用到椭圆，例如景观设计中椭圆形的花坛、建筑设计中欧式外形的设计图等。绘制椭圆的操作方法如下：

● 从菜单栏中选择【绘图】→【椭圆】命令。

● 在功能区【常用】选项卡的【绘图】面板中单击【椭圆】按钮 ⬭。

● 在命令窗口中输入 ELLIPSE 命令，按 Enter 键。

绘制椭圆的方法有"指定圆心绘制椭圆"和"指定端点绘制椭圆"两种，系统默认的椭圆绘制方法是指定椭圆的两条半轴的尺寸。例如，绘制一个长轴为 50，短轴为 25 的椭圆，执行该命令，命令行提示如下：

命令：_ellipse（执行绘制椭圆命令）

指定椭圆的轴端点或 [圆弧(A)/中心点(C)]：_c（选择指定椭圆中心点方式）

指定椭圆的中心点：（指定椭圆中心点）

指定轴的端点：50（指定椭圆长轴尺寸）

指定另一条半轴长度或 [旋转(R)]：25（指定椭圆短轴尺寸）

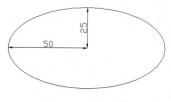

图 4-15　绘制椭圆

完成命令操作，结果如图 4-15 所示。命令行中提示的各选项含义说明如下。

圆弧（A）：只绘制椭圆上的一段弧线，即椭圆弧。

中心点（C）：以指定椭圆圆心和两半轴的方式绘制椭圆和椭圆弧。

旋转（R）：通过绕第一条轴旋转的方式绘制椭圆或椭圆弧。输入的值越大，椭圆的离心率越大；输入"0"将绘制正圆形。

4.3.4　绘制椭圆弧

椭圆弧就是椭圆的部分弧线，是椭圆上的一部分。绘制时，只要指定圆弧的起始角和终止角，即可绘制椭圆弧。在指定椭圆弧终止角时，可以通过在命令窗口中输入数值或直接在图形中位置点的方法定义终止角。绘制椭圆弧的操作方法如下：

- 从菜单栏中选择【绘图】→【椭圆】→【圆弧】命令。
- 在功能区【常用】选项卡的【绘图】面板中单击【椭圆弧】按钮 。
- 在命令窗口中输入 ELLIPSE 命令，并选择"圆弧"选项。

例如，执行该命令，绘制一条长轴为 50，短轴为 25，起始角为 30°，终止角为 180°的圆弧。命令行提示如下：

命令：_ellipse（执行绘制椭圆命令）

指定椭圆的轴端点或 [圆弧(A)/中心点(C)]：_a（选择绘制椭圆弧方式）

指定椭圆弧的轴端点或 [中心点(C)]：

指定轴的另一个端点：100

指定另一条半轴长度或 [旋转(R)]：25

指定起始角度或 [参数(P)]：30

指定终止角度或 [参数(P)/包含角度(I)]：180

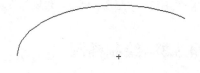

图 4-16　绘制椭圆弧

完成命令操作，结果如图 4-16 所示。命令行中提示的各选项含义说明如下。

参数（P）：选择此选项后还需要输入椭圆弧的起始角度，但系统将通过矢量参数方程式来创建椭圆弧。

包含角度（I）：定义从起始角度开始的包含角度。如图 4-16 所示，当起始角度为 30°时，选择该选项并设置包含角度为 150°，则终止角度为 180°。它具有相对于起始角度的含义，而如果直接指定终止角度则为绝对角度。

4.3.5　绘制圆环

圆环是由具有一定宽度的多段线封闭组成的。圆环在机械零件设计中应用较广泛。绘制圆环的操作方法如下：

- 从菜单栏中选择【绘图】→【圆环】命令。
- 在功能区【常用】选项卡的【绘图】面板中单击【圆环】按钮 。
- 在命令窗口中输入 DONUT 命令，按 Enter 键。

圆环的绘制比较简单，通过指定圆环的内径、外径和中心点后就可以绘制圆环。在绘制圆环之前，用户可以通过在命令行中输入 FILL 命令，选择圆环是否执行填充效果。命令行提示如下。

命令：_donut（执行绘制圆环命令）

指定圆环的内径 <10.0000>：40（设置圆环内径）

指定圆环的外径 <20.0000>：60（设置圆环外径）

指定圆环的中心点或 <退出>：（按 Enter 键，完成命令）

执行以上操作，效果如图 4-17 所示。

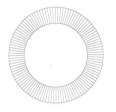

图 4-17 绘制圆环

4.4 绘制特殊对象

在 AutoCAD 中有一些较为特殊的对象，如多段线、多线、样条曲线和修订云线等，这些特殊线都有其独特的创建与编辑方法。本节主要介绍多段线、样条曲线和修订云线等的创建和编辑方法。

4.4.1 绘制与编辑多段线

1. 绘制多段线

多段线是由若干条首尾相连的、相同或不同宽度的直线段、直线和圆弧组成的对象。用户可以对多段线的每条线段指定不同的线宽，从而绘制一些特殊图形。多段线的应用包括：用于地形和其他科学应用的轮廓素线，布线图、流程图和布管图，三维实体建模的拉伸轮廓和拉伸路径等。

多段线提供了单条直线所不具备的编辑功能。例如，可以调整多段线的宽度和曲率，可以使用夹点功能对多段线进行编辑，也可以使用【多段线编辑】命令；用户还可以根据需要，使用【分解】命令将其转换成单独的直线段和弧线段，然后再进行编辑。绘制多段线的操作方法如下：

- 从菜单栏中选择【绘图】→【多段线】命令。
- 在功能区【常用】选项卡的【绘图】面板中单击【多段线】按钮 。
- 在命令窗口中输入 PLINE 命令，按 Enter 键。

例如，利用该命令绘制一条指向箭头，命令行提示如下：

命令：_pline（执行多段线命令）

指定起点：（单击任意一点，确定指向箭头起点）

当前线宽为 0.0000

指定下一个点或 [圆弧(A)/半宽(H)/长度(L)/放弃(U)/宽度(W)]: w（选择多段线宽度选项）

指定起点宽度 <0.0000>: 2（设置起点线宽为2）

指定端点宽度 <2.0000>:（端点线宽同起点）

指定下一个点或 [圆弧(A)/半宽(H)/长度(L)/放弃(U)/宽度(W)]: 20（指定多段线第二点距离）

指定下一点或 [圆弧(A)/闭合(C)/半宽(H)/长度(L)/放弃(U)/宽度(W)]: 40（指定多段线第三点距离）

指定下一点或 [圆弧(A)/闭合(C)/半宽(H)/长度(L)/放弃(U)/宽度(W)]: w（选择多段线宽度选项）

指定起点宽度 <2.0000>: 6（设置多段线箭头的起点线宽为6）

指定端点宽度 <6.0000>: 0（设置多段线箭头的端点线宽为0）

指定下一点或 [圆弧(A)/闭合(C)/半宽(H)/长度(L)/放弃(U)/宽度(W)]: 20（设置箭头长度）

完成命令操作，结果如图4-18所示。

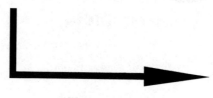

图4-18 多段线

2．编辑多段线

由于多段线是单一的整体对象，因此不能像直线或构造线那样选取即可编辑，而需要使用专门的编辑多段线工具。使用该工具不仅可以将多段线一起编辑，也可以分别编辑。编辑多段线的操作方法如下：

- 从菜单栏中选择【修改】→【对象】→【多段线】命令。
- 在功能区【常用】选项卡的【修改】面板中单击【编辑多段线】按钮。

执行该命令，可对多段线对象进行不同方式的编辑，各选项的含义和设置方法说明如下。

闭合：创建闭合的多段线，将其首尾连接。

合并：合并连续的直线、圆弧或多段线。

宽度：指定整个多段线新的统一宽度。选择该选项，命令行将显示"指定所有线段的新宽度："提示信息，输入新宽度数值后，整个曲线宽度发生改变。

编辑顶点：可对多段线顶点进行移动、打断、插入、修改线的宽度以及拉直任意两顶点之间的多段线等操作。

拟合：创建连接每一对顶点的平滑圆弧曲线，就是将原来的直线段转换为拟合曲线。

样条曲线：该方式与拟合方式相比，拟合量较小，就是将多段线顶点用做样条曲线拟合的控制点或控制框架。

非曲线化：删除圆弧拟合或样条曲线拟合多段线插入的其他顶点并拉直所有多段线。

线型生成：生成经过多段线顶点的连续图案的线型。

以上对多段线对象的编辑操作效果如图4-19所示。

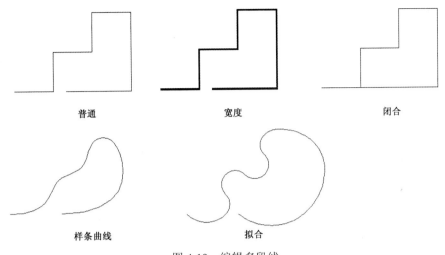

普通　　　　　　　　　　宽度　　　　　　　　　　闭合

样条曲线　　　　　　　　　　　　拟合

图 4-19　编辑多段线

4.4.2　绘制多线

多线是一种由多条平行线组成的图像元素，这些平行线通过【多线】命令一次绘制而成的，并且平行线之间的间距和数目可以调整，常用于建筑图纸中的墙体、电子线路图中的平行线条等图形对象的绘制。

1．设置多样性样式

在绘制多线之前，要先设置多线样式，如选择多线的数目、指定多线比例因子等。通过设置多线样式使绘制的多线符合预想的效果。

从菜单栏中选择【格式】→【多线样式】命令，打开【多线样式】对话框，如图 4-20 所示。在该对话框中可以执行新建、修改、重命名及加载多线等操作。单击【新建】按钮，在打开的【创建新的多线样式】对话框中输入新样式名，单击【继续】按钮将打开【新建多线样式】对话框，在该对话框中可设置多线样式的封口、填充等选项，如图 4-21 所示。

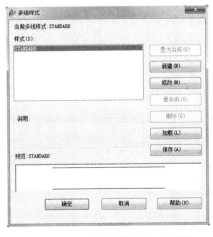

图 4-20　【多线样式】对话框

图 4-21　【新建多线样式】对话框

封口是指控制多线起点和端点处的样式，用户可以为多线的每个端点选择不同方式的封口，效果如图 4-22 所示。

未封口   直线封口   外弧封口

图 4-22   多线封口效果

2．绘制多线

多线常用于绘制那些由多条平行线组成的实体对象。多线可具有不同的样式，在创建新图形时，AutoCAD 自动创建一个"标准"多线样式作为默认值。用户也可以根据需要，自己定义新的多线样式。绘制多线的操作方法如下：

- 从菜单栏中选择【绘图】→【多线】命令。
- 在命令窗口中输入 MLINE 命令，按 Enter 键。

在绘制多线对象的过程中，具体操作方法与绘制直线对象的相同。多线效果如图 4-23 所示。

图 4-23   绘制多线

3．编辑多线

用户可以使用【多线编辑】工具对多线对象执行闭合、结合、修剪、合并等操作，从而使绘制的多线符合预想的设计效果。

从菜单栏中选择【修改】→【对象】→【多线】命令，打开【多线编辑工具】对话框，如图 4-24 所示。该对话框中汇总了 12 种编辑工具，使用第 1 列和第 2 列中的工具以及【角点结合】工具可清除相交线，获得与图标相符的修剪效果。利用【角点结合】工具还可以清除多线一侧的延伸线，从而形成直角。选取两条相交的多线，利用【十字合并】工具可以将多线相交的部分合并。如图 4-25 所示为对多线对象进行【十字合并】编辑的效果。

图 4-24   【多线编辑工具】对话框

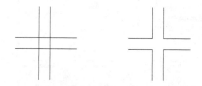

图 4-25   多线【十字合并】效果

其他几种工具同样可以对多线进行编辑。其中，【单个剪切】工具用于剪切多线中的一条线,【全部剪切】工具用于切断整条多线,【全部结合】工具用于重新显示所选两点间的任何切断部分。

4.4.3　绘制样条曲线

样条曲线是一条经过或接近一系列给定点的光滑曲线。用户可以控制曲线与点的拟合程度；可以通过指定点来创建样条曲线；也可以封闭样条曲线,使起点和端点重合。

1.　绘制样条曲线

用户可以通过指定的一系列控制点,在指定的允差范围内把控制点拟合成光滑的样条曲线。绘制样条曲线的操作方法如下:

● 从菜单栏中选择【绘图】→【样条曲线】命令。
● 在功能区【常用】选项卡的【绘图】面板中单击【样条曲线】按钮 ～。
● 在命令窗口中输入 SPLINE 命令,按 Enter 键。

利用【样条曲线】命令,绘制一条光滑的闭合曲线。命令行提示如下:

　　　命令: _spline（执行样条曲线命令）

　　　指定第一个点或 [对象(O)]:（指定样条曲线的起点）

　　　指定下一点:（指定第二点）

　　　指定下一点或 [闭合(C)/拟合公差(F)] <起点切向>:（依次指定其他各点的位置）

　　　指定下一点或 [闭合(C)/拟合公差(F)] <起点切向>: c（选择闭合选项）

　　　指定切向:（单击确定其切向,完成绘制）

完成命令操作,结果如图 4-26 所示。

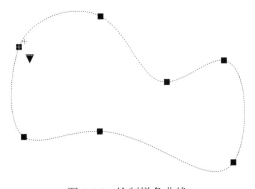

图 4-26　绘制样条曲线

2.　编辑样条曲线

在 AutoCAD 2012 中,除了可以使用在大多数对象上使用的常规编辑操作外,还可以使用【夹点编辑】和【编辑样条曲线】命令对绘制的样条曲线对象进行修改。编辑样条曲线的操作方法如下:

● 从菜单栏中选择【修改】→【对象】→【样条曲线】命令。
● 在功能区【常用】选项卡的【修改】面板中单击【编辑样条曲线】按钮 ⌀。
● 在命令窗口中输入 SPLINEDIT 命令,按 Enter 键。

执行该命令，用户可以根据需要对样条曲线进行编辑，命令行提示如下：

命令：_splinedit（执行编辑样条曲线命令）

选择样条曲线：（选择要编辑的样条曲线对象）

输入选项 [拟合数据(F)/打开(O)/移动顶点(M)/优化(R)/反转(E)/转换为多段线(P)/放弃(U)]:

命令行提示的各选项功能说明如下。

拟合数据：编辑定义样条曲线的拟合数据。

打开（或闭合）：将闭合的样条曲线修改为开放样条曲线（或将开放样条曲线修改为连续闭合的曲线）。

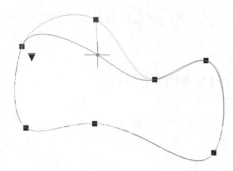

图 4-27　样条曲线夹点编辑

移动顶点：将拟合点移动到新的位置。

优化：通过添加权值控制点并提高样条曲线阶数来修改样条曲线定义。

反转：反转样条曲线的方向。

转换为多段线：将样条曲线转换为多段线。

放弃：取消上一次编辑操作。

另外，当用户选中样条曲线对象后，将会显示该对象的夹点，此时，用户可以选择任意夹点，通过对其进行拉伸或移动等操作来改变样条曲线的形状。效果如图 4-27 所示。

4.4.4　绘制修订云线

【修订云线】命令主要用于突出显示图纸中已修改的部分，它一般由连续的圆弧组成。利用该工具可以绘制类似于云彩的图形对象。在检查或用红线圈阅图形时，可以使用云线来高亮显示标记，以提高工作效率。绘制修订云线的操作方法如下：

● 从菜单栏中选择【绘图】→【修订云线】命令。

● 在功能区【常用】选项卡的【绘图】面板中单击【修订云线】按钮⊠。

● 在命令窗口中输入 REVCLOUD 命令，按 Enter 键。

执行该命令，命令行提示如下：

命令：_revcloud（执行修订云线命令）

最小弧长：15　　最大弧长：15　　样式：普通

指定起点或 [弧长(A)/对象(O)/样式(S)] <对象>：（指定修订云线起点）

沿云线路径引导十字光标…（拖动光标生成修订云线）

修订云线完成。

完成命令操作，结果如图 4-28 所示。

在绘制修订云线时，命令行中的各选项含义说明如下。

指定起点：从头开始绘制修订云线，即默认云线的参数设置。在绘图区中指定一点为起始点，拖动鼠标将显示云线，当移至起点时自动与该点闭合，并退出云线操作。

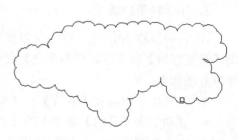

图 4-28　绘制修订云线

弧长：指定修订云线中的弧长。选择该选项后需要指定最小弧长与最大弧长，其中最大弧长不能超过最小弧长的 3 倍。

对象：可以选择一个封闭图形，如矩形、多边形等，并将其转换为云线路径。

反转方向：当用户使用"对象"选项，并根据提示选择对象后，命令行中将出现提示信息"反转方向[是（Y），否（N）]："，默认为"否"选项。若选择"是"选项，则修订云线对象的圆弧方向会反转，效果如图 4-29 所示。

样式：选择修订云线的样式。选择该选项后，命令行中将出现提示信息"选择圆弧样式[普通（N）/手绘（C）<普通>]："，默认为"普通"选项。

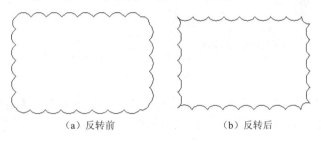

（a）反转前　　　　　　　　　　（b）反转后

图 4-29　修订云线反转方向

实训 4

1．绘制螺母

运用本章所学的多边形、圆等基本绘制命令，绘制一个螺母示意图。在绘制过程中，运用对象捕捉、极轴追踪、动态输入等辅助功能，以提高绘图的准确性和效率。具体的操作步骤如下。

1）启动 AutoCAD 2012，新建一个图形文件，将工作空间选定为"草图与注释"。

2）在功能区【常用】选项卡的【绘图】面板中单击【圆】按钮，并使用"圆心、半径"方式，绘制两个半径分别为 6 和 12 的圆形，绘制第二个圆形时可辅助使用对象捕捉功能捕捉第一个圆形的圆心，以使两个圆形同心。

3）在功能区【常用】选项卡的【绘图】面板中单击【多边形】按钮，将多边形的侧面数设为 6，绘制一个与大圆外切的正六边形。结果如图 4-30 所示。

4）完成图形绘制，将文件保存至指定位置，文件名为"螺母"。

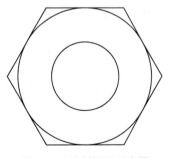

图 4-30　绘制螺母示意图

2．绘制支座

运用本章所学的直线、多段线、圆等基本绘制命令，绘制一个支座零件图。在绘制过程中，运用对象捕捉追踪、极轴追踪、对象捕捉、动态输入等辅助功能，以提高绘图的准确性和效率。具体的操作步骤如下。

1）启动 AutoCAD 2012，新建一个图形文件，将工作空间选定为"草图与注释"。

2）在功能区【常用】选项卡的【图层】面板中单击【图层特性】按钮 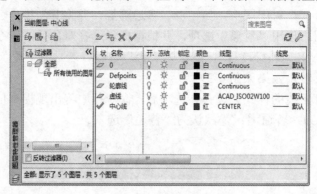，在弹出的图层特性管理器中创建"中心线"、"轮廓线"、"虚线"3个图层。图层设置要求如图4-31所示。

图 4-31　设置图层

3）将"中心线"图层置为当前，并在功能区【常用】选项卡的【绘图】面板中单击【直线】按钮，绘制如图4-32所示的中心线（不用标注尺寸）。

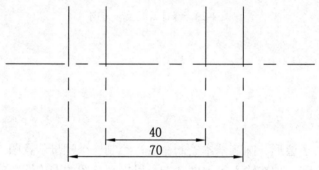

图 4-32　绘制中心线

4）将"轮廓线"图层置为当前，并在功能区【常用】选项卡的【绘图】面板中单击【圆】按钮 ，并使用"圆心、半径"方式绘制螺栓孔示意圆形，外圆半径为10，内圆半径为6，如图4-33所示。

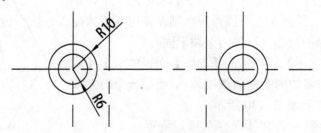

图 4-33　绘制螺栓孔

5）将"轮廓线"图层置为当前，并在功能区【常用】选项卡的【绘图】面板中单击【多段线】按钮，绘制支座轮廓线，如图4-34所示。注意在绘制过程中灵活运用对象捕捉追踪、极轴追踪、对象捕捉、动态输入等功能。

6）将"虚线"图层置为当前，并在功能区【常用】选项卡的【绘图】面板中单击【直线】按钮，绘制表示圆孔轮廓的虚线，如图4-34所示。

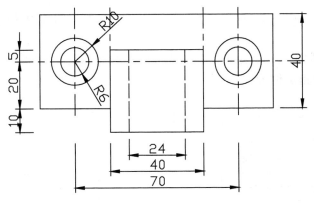

图 4-34   绘制支座轮廓线

7）在功能区【常用】选项卡的【修改】面板中单击【圆角】按钮 ◯ 圆角 ▾，并将圆角半径设为 10，对支座四角进行圆角处理，结果如图 4-35 所示。

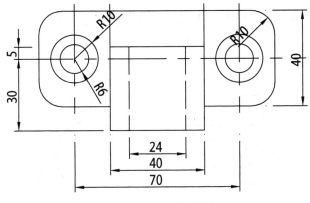

图 4-35   绘制支座零件图

8）完成图形绘制，将文件保存至指定位置，文件名为"支座"。

练习题 4

1．利用本章所学的直线、圆弧、多段线等工具，绘制如图 4-36 所示的螺栓示意图并保存至指定位置。

2．利用本章所学的矩形、直线、圆弧、多段线等工具，绘制如图 4-37 所示的椅子平面示意图并保存至指定位置。

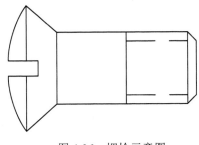

图 4-36   螺栓示意图

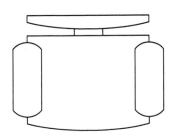

图 4-37   椅子平面示意图

3．利用本章所学的直线、矩形、多段线等工具，绘制如图 4-38 所示的老虎窗示意图并保存至指定位置。

4．利用本章所学的直线、矩形、多段线、样条曲线等工具，绘制如图 4-39 所示的单人沙发示意图并保存至指定位置。

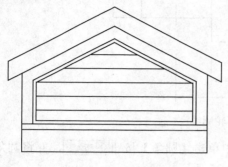

图 4-38　老虎窗示意图

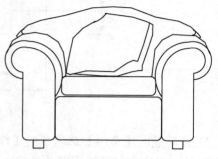

图 4-39　单人沙发示意图

5．利用本章所学的直线、矩形、多段线、圆、圆弧等工具，绘制如图 4-40 所示的零件示意图（不用标注尺寸）并保存至指定位置。

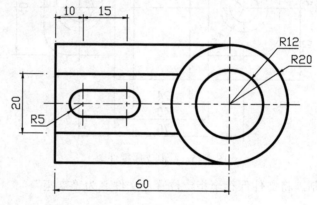

图 4-40　绘制零件示意图

第 5 章 图形的编辑

使用 AutoCAD 2012 绘图，仅仅掌握绘图命令是不够的，用户还需要对图像进行修改和编辑，才能满足绘图的要求。用户要绘制较为复杂的图形，就必须借助于图形编辑命令，灵活、快捷地使用编辑命令是提高作图效率的关键。

在 AutoCAD 2012 中提供了功能强大的图像编辑命令，通过执行相应的编辑命令，可以帮助用户合理地构造和组织图形，保证绘图的准确性，提高绘图效率。本章将主要介绍夹点编辑、移动、旋转、对齐、复制、偏移、镜像、阵列、倒角、圆角、打断对象和复杂图形对象的编辑等命令的使用方法。

5.1 选择对象

要对绘制的图形对象进行编辑、修改操作，首先需要定义出用以编辑、修改的图形对象，掌握选择图形对象的方法。在 AutoCAD 中选择对象时，可以设置对象被选择时的预览效果、选择后的显示效果以及编辑操作与选取对象之间的相应顺序等。本节还将详细介绍选择对象的方式，如点选、框选、栏选和快速选择等。

5.1.1 设置选择集

通过设置选择集中的选项，可以根据个人使用习惯对拾取框、夹点显示以及选择视觉效果等选项进行详细的设置，从而提高选择对象时的准确性和速度，并提高绘图效率和精确度。从菜单栏中选择【工具】→【选项】命令，在打开的【选项】对话框中选择【选择集】选项卡，如图 5-1 所示。该选项卡中各项含义说明如下。

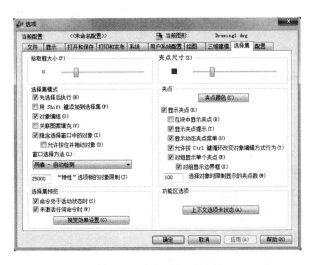

图 5-1 【选项】对话框

1. 拾取框大小和夹点尺寸

拾取框是十字光标中部用来确定拾取对象的方形图框。夹点是图形对象被选中后，处于对象端部、中点或控制点处的矩形或圆锥形实心标记。拖动夹点，可对图形对象的长度、位置或弧度等进行手动调整。

（1）调整拾取框大小

左、右拖动【拾取框大小】栏中的滑块，即可改变拾取框的大小。并且，在拖动滑块的过程中，其左侧的预览图标将动态显示拾取框的大小。效果如图 5-2 所示。进行图形对象选取时，只有处于拾取框内的图形对象才可以被选取。因此在绘制较为简单的图形时，可以将拾取框调大，以便于选取图形对象；在绘制复杂图形对象时，适当调小拾取框，以避免错误选取图形对象。

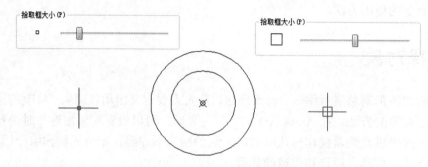

图 5-2　调整拾取框大小效果

（2）调整夹点大小

夹点可以标识图形对象的选取情况，还可以通过拖动改变夹点的位置，对选取的对象进行相应的编辑。夹点在图形中的显示大小是恒定不变的，在利用夹点编辑图形时，适当地将夹点调大，可以提高选取夹点的方便性。夹点大小的调整方法和拾取框大小的调整方法相同，都是拖动调整滑块进行调整的。如图 5-3 所示。

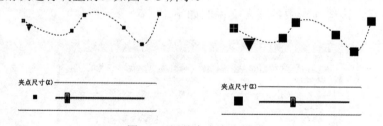

图 5-3　调整夹点大小效果

2. 选择集预览

选择集预览就是当光标的拾取框移动到图形对象上时，图形对象以加粗或虚线的形式显示为预览效果。通过启用或禁用【选择集预览】选项组中的两个复选框或利用【视觉效果设置】按钮，可以对预览样式进行详细调整。

（1）命令处于活动状态时

启用该复选框时，只有某个命令处于激活状态，并在命令行中显示"选取对象"提示信息时，将拾取框移动到图形对象上，该对象才会显示选择预览。

（2）未激活任何命令时

该复选框的作用与上面的复选框相反，即启用该复选框，只有没有任何命令处于激活状态时，才会显示选择预览。

（3）视觉效果设置

单击【视觉效果设置】按钮，将打开【视觉效果设置】对话框，如图 5-4 所示。该对话框中各项含义说明如下。

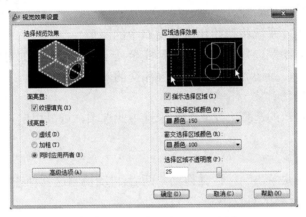

图 5-4　【视觉效果设置】对话框

【选择预览效果】：包含【面亮显】和【线亮显】两种预览效果的设置。若启用【纹理填充】复选框，则所选三维对象的面将以填充纹理效果显示。在【线亮显】选项组中包含 3 个单选项，分别是：【虚线】，预览效果以虚线的形式表示；【加粗】，预览效果以加粗的形式表示；【同时应用两者】，预览效果以虚线和加粗两种形式显示。效果如图 5-5 所示。

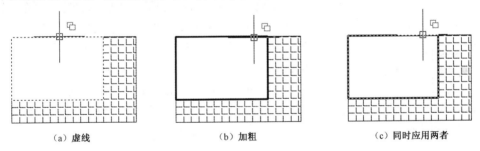

（a）虚线　　　　　　　　　　（b）加粗　　　　　　　　　（c）同时应用两者

图 5-5　调整选项预览效果

【区域选择效果】：在进行多个对象选取时，采用区域选择的方法可以大幅度提高对象选取的效率。在该栏中可以调整选择区域的颜色、透明度，以及区域显示的开、关情况。

3．选择集模式

该选项组用以控制与对象选择方法相关的设置。

（1）先选择后执行

控制在发出命令之前（先选择对象后执行操作）还是之后选择对象。

（2）用 Shift 键添加到选择集

控制后续选择项是替换当前选择集还是添加到其中。要快速清除选择集，用户可以在图形的空白区域绘制一个选择窗口或按 Esc 键。

（3）对象编组

使用对象编组后，当用户选择编组中的一个对象时，也同时选择了编组中的所有对象。用户可以使用 GROUP 命令创建和命名一组选择对象。

（4）关联图案填充

确定选择关联图案填充时将选定哪些对象。如果选择该选项，那么选择关联图案填充的同时还可选定边界对象。

（5）隐含选择窗口中的对象

如果在对象外单击，系统将初始化选择窗口中的图形。

如果用户从左向右绘制选择窗口，将选择完全处于窗口边界内的对象；如果从右向左绘制选择窗口将选择处于窗口边界内以及与边界相交的对象。

（6）允许按住并拖动对象

该选项用以控制窗口的选择方法。如果未选中此选项，可以用定点设备单击两个单独的点来绘制选择窗口。

（7）窗口选择方法

可在此选择使用两次单击、按住并拖动、两者-自动检测这三种选择方法。

（8）"特性"选项板中的对象限制

该选项可以确定使用【特性】选项板和【快捷特性】选项板编辑对象时，一次更改操作的对象数量的限制。

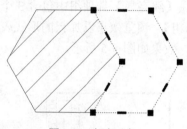
图 5-6　点选对象

5.1.2　点选对象

点选对象是最简单和最常用的选择方式。当需要选择某个对象时，直接用十字光标在绘图区域中单击该对象即可完成对象的选取操作，效果如图 5-6 所示。连续单击不同的对象则可以同时选择多个对象。

在 AutoCAD 中执行多数命令时，可以先选中要编辑的对象后再执行编辑命令，也可以先执行编辑命令，当命令窗口中出现"选择对象"命令提示时再选择要编辑的对象，被选中的对象都将以虚线方式显示。

5.1.3　框选对象

框选对象就是按住鼠标左键不放进行对象的选择。在 AutoCAD 中的框选方式分为左框选和右框选两种。

左框选（窗口选择）：将鼠标指针移到图形对象的左侧，按住鼠标左键不放向右侧拖动，释放鼠标后，被浅蓝色选框完全包围的对象将被选取，如图 5-7（a）所示。

右框选（窗交选择）：与左框选方向相反，将鼠标指针移到图形对象的右侧，按住鼠标左键不放向左侧拖动，释放鼠标后，与浅绿色选框相交或完全包围的所有对象都将被选取，如图 5-7（b）所示。

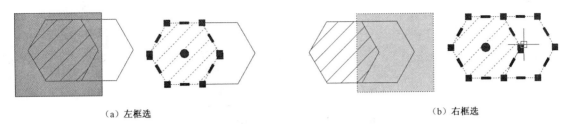

（a）左框选　　　　　　　　　　　　（b）右框选

图 5-7　框选对象

5.1.4　栏选对象

　　使用栏选方式，能够以画链的方式选择对象。绘制的线链可以是由一段或多段直线组成的任意折线，凡是与折线相交的图形对象均会被选取。利用该方式选择连续性目标非常方便，但是栏选不能封闭或相交。

　　在命令窗口中执行命令，当出现"选择对象或<全部选择>:"命令提示时，输入"F"并按下 Enter 键即可开始栏选对象，效果如图 5-8 所示。

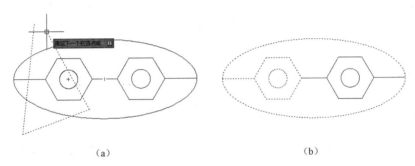

（a）　　　　　　　　　　　　　　　（b）

图 5-8　栏选对象

5.1.5　快速选择

　　快速选择对象是一种特殊的选择方法，可以根据对象的图层、线型、颜色和图案填充等特性或类型来创建选择集，可以准确、快速地从复杂图形中选择满足某种特性要求的对象，并能向选择集中添加或删除对象。快速选择对象的方法如下：

- 从菜单栏中选择【工具】→【快速选择】命令。
- 在命令窗口中输入 QSELECT 命令，按"Enter"键。

　　执行上述命令将弹出如图 5-9 所示的【快速选择】对话框，在该对话框中设置指定对象的应用范围、类型以及该类型相对应的值等选项后，单击【确定】按钮，即可完成对象的选择。例如，在【快速选择】对话框中，【对象类型】中选择椭圆，执行命令后即可选中图形中的椭圆对象。

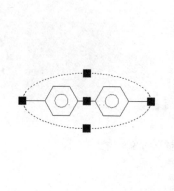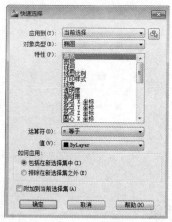

图 5-9　快速选择

5.2　复制与高级复制对象

复制对象工具的作用是，当需要绘制的图像对象与已有的对象相同或相似时，通过复制的方法快速生成与源对象相同或相似的图形，然后根据情况对其进行细微的修改或调整，从而可以简化绘制重复性或近似性图形的绘图步骤，达到提高绘图效率和绘图精度的目的。

复制图形的方法有多种，在实际操作中可以根据实际情况选择不同的方法。

5.2.1　复制对象

复制工具是 AutoCAD 绘图中的常用工具，复制操作可以大大提高绘图效率。用户可以从原对象以指定的角度和方向创建对象的副本。使用坐标、栅格捕捉、对象捕捉或其他工具可以精确复制对象。

在默认情况下，COPY 命令自动重复执行。要退出该命令，需按 Enter 键。用户可以使用系统变量 COPYMODE 来控制是否自动重复 COPY 命令。变量值为 0 时，使用自动重复的 COPY 命令；变量值为 1 时，使用创建单个副本的 COPY 命令。

复制命令可以快速将一个或多个图形对象复制到指定的位置。复制图形对象的方法如下：
- 从菜单栏中选择【修改】→【复制】命令。
- 在功能区【常用】选项卡的【修改】面板中单击【复制】按钮 。
- 在命令窗口中输入 COPY 命令，按 Enter 键。

在绘制较为复杂的图形时，可利用复制功能提高绘图效率。如图 5-10 所示，通过复制功能完善椅子扶手的绘制，命令行提示如下：

命令: _copy（执行复制命令）

选择对象: 指定对角点: 找到 4 个（选择已绘制好的左侧扶手图形）

选择对象:（按 Enter 键完成选择）

当前设置: 复制模式 = 多个

指定基点或 [位移(D)/模式(O)] <位移>: 指定第二个点或 <使用第一个点作为位移>:（用鼠标指定基点位置）

指定第二个点或 [退出(E)/放弃(U)] <退出>:（用鼠标指定目标点位置，也可直接输入距离数据进行复制）

按 Enter 键完成命令操作，结果如图 5-10 所示。

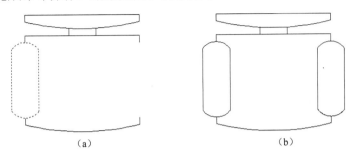

（a） （b）

图 5-10 复制对象

说明： 在输入相对坐标复制对象时，无须像通常情况下那样包含"@"标记，因为相对坐标是假设的。要按指定距离复制对象，还可以在正交模式和极轴追踪打开的同时使用动态输入模式，可以快速、精确地确定目标点。

5.2.2 偏移对象

利用偏移功能可以创建出与源对象相平行并分开一定距离，形状相同或相似的新对象。在使用偏移功能时，可指定距离进行偏移，或指定点进行偏移。使用偏移功能可以偏移直线、圆弧、圆、椭圆和椭圆弧、二维多段线、构造线、射线、样条曲线等图形对象，常用于创建同心圆、平行线和平行曲线等。使用偏移命令的方法如下：

● 从菜单栏中选择【修改】→【偏移】命令。

● 在功能区【常用】选项卡的【修改】面板中单击【偏移】按钮。

● 在命令窗口中输入 OFFSET 命令，按 Enter 键。

在实际应用中，偏移功能一般用于偏移线段。如果偏移的对象是线段，则偏移后的线段长度是不变的。如果偏移的对象是圆形或矩形等，则偏移后的对象将放大或缩小。

偏移分为定距偏移、通过点偏移和删除源对象偏移、变图层偏移 4 种。

定距偏移： 这是系统默认的偏移方式，以输入偏移距离数值为偏移参照，指定的方向为偏移反方向。单击【偏移】按钮，根据命令提示输入偏移距离值后按 Enter 键，再将鼠标指针移至偏移侧单击，即可完成定距偏移操作。如图 5-11 所示为利用绘制椭圆命令及偏移命令绘制的洗脸盆（定距偏移）。

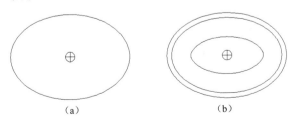

（a） （b）

图 5-11 定距偏移

通过点偏移： 该偏移方式以图形中现有的端点、各结点、切点等为源对象的偏移参照，进行偏移操作。单击【偏移】按钮，在命令行中输入 t（命令行输入不区分大小写）后按 Enter 键，然后选取偏移源对象，再指定通过点，即可完成偏移操作，效果如图 5-12 所示。

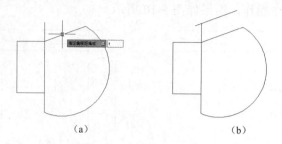

（a）   （b）

图 5-12 通过点偏移

删除源对象偏移：如果偏移只是以源对象作为偏移参照，偏移出新图形后需要删除源对象，则可以利用删除源对象偏移的方式。单击【偏移】按钮，在命令行中输入 e，并根据命令行提示输入 y 后按 Enter 键，即可将源对象删除，效果如图 5-13 所示。

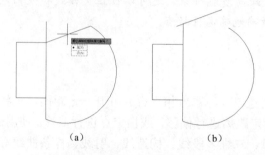

（a）   （b）

图 5-13 删除源对象偏移

变图层偏移：在默认情况下，偏移出的新对象所在的图层与源对象相同，所以通过变图层偏移，可以将偏移出的新对象所在图层转换为当前层，从而避免修改图层的重复操作，大大提高绘图速度。单击【偏移】按钮，在命令行中输入 1，根据命令提示输入 c 后按 Enter 键即可完成偏移操作。

当用户使用偏移命令进行绘图时，必须先启动命令，然后选择要编辑的对象。在启动该命令时，已选择的对象将自动取消选择状态。在偏移圆、圆弧或图块时，用户可以创建更大或更小的相似图形，这些取决于向哪一侧进行偏移。

5.2.3 镜像对象

在绘图中，经常会遇到一些对称图形。AutoCAD 提供了图形镜像的功能。镜像对创建对称的图形对象非常有用，可以快速地绘制半个对象，然后将其镜像，而不必绘制整个对象。可以绕指定轴翻转对象创建对称的镜像图像。使用镜像命令的方法如下：

● 从菜单栏中选择【修改】→【镜像】命令。
● 在功能区【常用】选项卡的【修改】面板中单击【镜像】按钮⚠。
● 在命令窗口中输入 MIRROR 命令，按 Enter 键。
利用前面所学内容，绘制开槽盘头螺钉，效果如图 5-14 所示。

命令：_mirror（执行镜像命令）

选择对象：指定对角点：找到 13 个

选择对象：（选择要镜像的对象，按 Enter 键，结束选择）

指定镜像线的第一点：指定镜像线的第二点：

要删除源对象吗？[是(Y)/否(N)] <N>: n（不删除原对象，按 Enter 键确定）

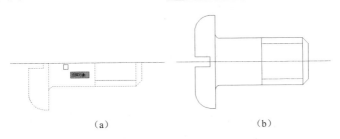

（a）　　　　　　　　　　　　　（b）

图 5-14　镜像对象

　　如果在进行镜像操作的选择集中包含文字对象，则文字对象的镜像效果取决于系统变量 MIRRTEXT。如果该变量取值为 1（默认值），则文字也将镜像显示；而如果取值为 0，则镜像后的文字仍保持原方向。

5.2.4　阵列对象

　　阵列对象可以快速复制出与源对象相同，且按一定规律分布的多个图形。在 AutoCAD 2012 中，用户可创建矩形阵列、环形阵列或路径阵列。用户还可以选择阵列对象的关联性，若设为关联阵列，则阵列项目将包含在单个阵列对象中，类似于块，编辑阵列对象的特性，可更改阵列对象中的所有项目。

1. 矩形阵列

　　在创建矩形阵列时，通过指定行、列和层的数量以及它们之间的距离，可以控制阵列中的副本数量，通过添加层还可生成三维阵列对象。用户还可以通过动态预览快速获得阵列效果。在移动光标时，程序还可以增加或减少阵列中的列数和行数以及行间距和列间距。在默认情况下，阵列的层数为 1。矩形阵列的方法如下：

● 从菜单栏中选择【修改】→【阵列】→【矩形阵列】命令。

● 在功能区【常用】选项卡的【修改】面板中单击【阵列】按钮 阵列 。

● 在命令窗口中输入 ARRAYRECT 命令，并按 Enter 键。

利用【矩形阵列】命令对圆形对象进行阵列，效果如图 5-15 所示。

命令：_arrayrect（执行矩形阵列命令）

选择对象：指定对角点：找到 1 个

选择对象：（选择要进行阵列的圆形对象）

类型 = 矩形　关联 = 是

为项目数指定对角点或 [基点(B)/角度(A)/计数(C)] <计数>:（单击阵列对象的对角点）

指定对角点以间隔项目或 [间距(S)] <间距>: 300（输入阵列对象间距）

按 Enter 键接受或 [关联(AS)/基点(B)/行(R)/列(C)/层(L)/退出(X)] <退出>:（按 Enter 键确定）

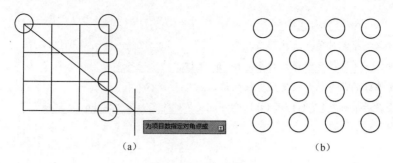

（a） （b）

图 5-15　矩形阵列

2．环形阵列

在创建一个环形阵列时，可以控制阵列中副本的数量以及是否旋转副本。环形阵列能够以任一点为阵列中心点，将阵列源对象以圆周或扇形的方向进行阵列，用户可指定阵列填充角度、项目总数、项目之间的夹角。环形阵列的方法如下：

- 从菜单栏中选择【修改】→【阵列】→【环形阵列】命令。
- 在功能区【常用】选项卡的【修改】面板中单击【阵列】按钮 。
- 在命令窗口中输入 ARRAYPOLAR 命令，并按 Enter 键。

利用【环形阵列】命令对圆形对象进行阵列，命令执行过程中的显示效果如图 5-16（a）所示，最后结果如图 5-16（b）所示。

命令: _arraypolar（执行环形阵列命令）

选择对象: 找到 1 个

选择对象:（选择要进行阵列的圆形对象）

类型 = 极轴　关联 = 是

指定阵列的中心点或 [基点(B)/旋转轴(A)]:（单击环形阵列对象的中心点）

输入项目数或 [项目间角度(A)/表达式(E)] <4>: 8（指定阵列对象副本数量）

指定填充角度(+=逆时针、-=顺时针)或 [表达式(EX)] <360>:（指定环形阵列填充角度）

按 Enter 键接受或 [关联(AS)/基点(B)/项目(I)/项目间角度(A)/填充角度(F)/行(ROW)/层(L)/旋转项目(ROT)/退出(X)] <退出>:（按 Enter 键确定）

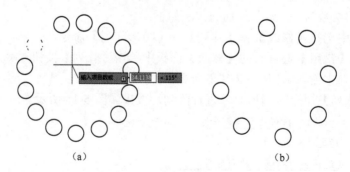

（a） （b）

图 5-16　环形阵列

3．路径阵列

在创建路径阵列时，可以控制源对象沿指定路径进行阵列。路径可以是直线、多段线、圆弧、样条曲线、螺旋、三维多段线、圆或椭圆。当用户对阵列路径进行修改时，阵列对象随之改变，但对象数量和间距不会改变。如果路径被编辑且变得太短而无法显示所有对象，计数会自动调整。路径阵列的方法如下：

● 从菜单栏中选择【修改】→【阵列】→【路径阵列】命令。
● 在功能区【常用】选项卡的【修改】面板中单击【阵列】按钮 🗗ᵘ 阵列 ▾。
● 在命令窗口中输入 ARRAYPATH 命令，按 Enter 键。

利用【路径阵列】命令，对圆形对象沿指定的多段线进行阵列，效果如图 5-17 所示。

命令：_arraypath（执行路径阵列命令）

选择对象：找到 1 个

选择对象：（选择要进行阵列的圆形对象）

类型 = 路径 关联 = 是

选择路径曲线：（选择阵列路径）

输入沿路径的项数或 [方向(O)/表达式(E)] <方向>：10（指定阵列副本数量，如图 5-17（a）所示）

指定沿路径的项目之间的距离或 [定数等分(D)/总距离(T)/表达式(E)] <沿路径平均定数等分(D)>：400（指定阵列间距）

10 个项目无法使用当前间距布满路径。

是否调整间距以使项目布满路径？[是(Y)/否(N)] <是>：y（根据需要选择是否布满路径，如图 5-17（b）所示）

按 Enter 键接受或 [关联(AS)/基点(B)/项目(I)/行(R)/层(L)/对齐项目(A)/Z 方向(Z)/退出(X)] <退出>：（按 Enter 键确定，结果如图 5-17（c）所示）

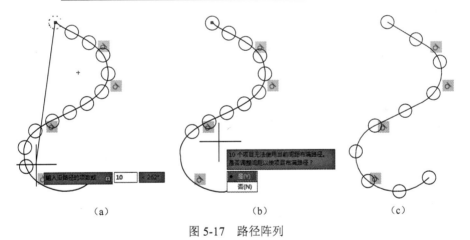

图 5-17 路径阵列

5.3 改变对象位置

改变对象的位置是指在不改变被编辑图形的具体形状的基础上对图形的放置位置、角度、大小进行重新编辑、调整，常用于装配图或在图形中插入块的过程。

改变对象的位置包括移动、旋转和对齐三种操作，移动对象是保持图形原来的方向不变，旋转对象是改变图形对象原来的方向，对齐是根据需要移动、旋转或倾斜所选对象，从而将其与源对象对齐。

5.3.1　移动对象

利用 AutoCAD 绘图，布置图纸时，不必像手工绘图那样精确计算每个视图在图纸上的位置。若发现某部分图形布图不合理，只需用【移动】工具按钮 ✛，就可方便地将它们平移到所需的位置。执行移动命令的方法如下：

- 从菜单栏中选择【修改】→【移动】命令。
- 在功能区【常用】选项卡的【修改】面板中单击【移动】按钮 ✛。
- 在【修改】工具栏中单击【移动】按钮 ✛。
- 选中对象后单击右键，从弹出的快捷菜单中选择【移动】命令。
- 在命令窗口中输入 MOVE 命令，按 Enter 键。

用户可以按指定的角度和方向移动对象。使用坐标、栅格捕捉、对象捕捉和其他工具可以精确移动对象。

如图 5-18（a）所示，床头柜位置不对，需要用【移动】命令将其放置在床头一侧。命令行提示如下：

命令: _move（执行移动命令）

选择对象: 找到 1 个（选择需要移动的对象）

选择对象: （按 Enter 键，结束选择）

指定基点或 [位移(D)] <位移>： 指定第二个点或 <使用第一个点作为位移>：（利用光标指定移动的起点和目标点，或直接输入需要移动的距离）

结果如图 5-18（b）所示。

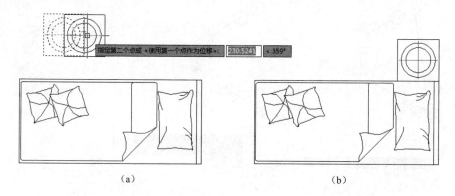

（a） （b）

图 5-18　移动对象

5.3.2　旋转对象

旋转对象是指将选中的对象绕指定的基点进行旋转，可供选择的旋转方式有复制旋转和参照方式旋转两种。执行旋转命令的方法如下：

- 从菜单栏中选择【修改】→【旋转】命令。
- 在功能区【常用】选项卡的【修改】面板中单击【旋转】按钮 ○。
- 单击【修改】工具栏中的【旋转】按钮。
- 在命令窗口中输入 ROTATE 命令，按 Enter 键。

根据指定角度旋转所选对象，命令行提示如下：

　　命令：_rotate（执行旋转对象命令）

　　UCS 当前的正角方向：ANGDIR=逆时针　ANGBASE=0

　　选择对象：指定对角点：找到9个（选择需要旋转的对象）

　　选择对象：（按 Enter 键，结束选择）

　　指定基点：（捕捉对象的旋转中心）

　　指定旋转角度，或 [复制(C)/参照(R)] <0>:（输入对象旋转角度或用光标指定）

完成旋转对象操作，结果如图5-19所示。

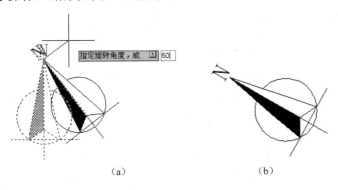

（a）　　　　　　　　　　（b）

图 5-19　旋转对象

　　用户还可以按弧度、百分度或勘测方向输入角度值。输入正角度值逆时针或顺时针旋转对象，这取决于【图形单位】对话框中的【方向控制】设置。

　　旋转操作大多属于一般旋转，不保留对象的原始副本。有时旋转对象时，不仅可以将对象的放置方向调整一定的角度，还可以在旋转出新对象的同时保留源对象图形，该方法集旋转和复制于一体。

5.3.3　对齐对象

　　利用对齐工具可以通过移动、旋转或倾斜图形对象来使该对象与源对象对齐。执行对齐命令的方法如下：

- 从菜单栏中选择【修改】→【对齐】命令。
- 在功能区【常用】选项卡的【修改】面板中单击【对齐】按钮。
- 在命令窗口中输入 ALIGN 命令，按 Enter 键。

　　如图5-20（a）所示，将绘制的多边形利用【对齐】命令移动到适当位置，并与源对象合并。命令行提示如下：

　　命令：_align（执行对齐命令）

　　选择对象：找到 1 个（选择需要对齐的图形对象，如图5-20（b）所示）

　　选择对象：（单击 Enter 键以完成对象选择）

　　指定第一个源点：（指定点1，如图5-20（c）所示）

　　指定第一个目标点：（指定点2，如图5-20（c）所示）

　　指定第二个源点：（指定点3，如图5-20（c）所示）

　　指定第二个目标点：（指定点4，如图5-20（c）所示）

指定第三个源点或 <继续>:（单击 Enter 键）

是否基于对齐点缩放对象？[是(Y)/否(N)] <否>: y（选择按照对齐点进行缩放）

完成对齐对象操作，结果如图 5-20（d）所示。

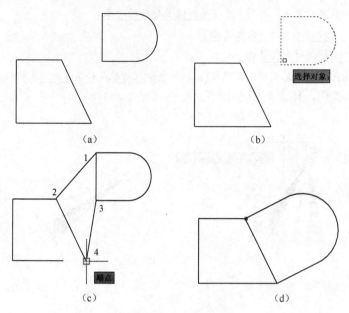

（a）　　　　　　　　　　　　　　（b）

（c）　　　　　　　　　　　　　　（d）

图 5-20　对齐对象

当选择对齐点时，用户可以在二维或三维空间移动、旋转和缩放所选定的对象，以便与其他对象对齐。第一对源点和目标点定义对齐的基点（1，2），第二对源点和目标点定义旋转的角度（3，4）。输入第二对点后，系统会给出缩放对象的提示，将以第一个目标点和第二个目标点（2，4）之间的距离作为缩放对象的参考长度。只有使用两对点对齐对象时才能使用缩放功能。

5.4　调整对象比例

在绘图过程中，有时需要根据情况改变已绘制图形的大小和长度比例等。如果删除原来的对象后重新绘制过于麻烦，这时可以通过缩放、拉伸、拉长等功能来调整对象的比例，以提高绘图效率。

5.4.1　缩放对象

缩放命令将图形对象沿坐标轴方向等比例地放大或缩小，通过指定比例因子来改变相对于给定几点的现有实体对象的尺寸。

使用缩放功能，用户可以调整图形对象的大小，使其按指定的比例增大或缩小。无论放大或缩小选定对象，缩放后对象的比例仍将保持不变。执行缩放对象命令的方法如下：

● 从菜单栏中选择【修改】→【缩放】命令。

● 在功能区【常用】选项卡的【修改】面板中单击【缩放】按钮🔲。

● 在命令窗口中输入 SCAILE 命令，按 Enter 键。

利用缩放功能，将图 5-21（a）中的桌子示意图调整至适当大小，命令行提示如下：

命令：_scale（执行缩放命令）

选择对象：指定对角点：找到 1 个（选择缩放的图形对象）

选择对象：（按 ENTER 键完成选择）

指定基点：（指定一点作为缩放基点）

指定比例因子或 [复制(C)/参照(R)] <1.000>: 0.5（指定缩放比例）

完成对象的缩放操作，结果如图 5-21（b）所示。

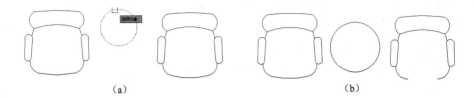

（a）　　　　　　　　　　　　　　　　　　　（b）

图 5-21　图形缩放

使用缩放功能，需要指定基点和比例因子。基点将作为缩放操作的中心，并保持静止。指定的基点表示选定对象的大小发生改变时位置保持不变的点。比例因子大于 1 时，将放大对象；比例因子介于 0 和 1 之间时，将缩小对象。另外，用户还可以通过拖动光标使对象放大或缩小。

5.4.2　拉伸对象

拉伸对象可以按规定的方向和角度拉长或缩短对象，拉伸后将改变对象在 X 轴或 Y 轴方向上的比例。拉伸命令可以用于拉伸圆弧、椭圆弧、直线、多段线线段、射线和样条曲线等。执行拉伸对象命令的方法如下：

- 从菜单栏中选择【修改】→【拉伸】命令。
- 在功能区【常用】选项卡的【修改】面板中单击【拉伸】按钮。
- 在命令窗口中输入 STRETCH 命令，按 Enter 键。

将如图 5-22（a）所示的图形进行拉伸，命令行提示如下：

命令：_stretch（执行拉伸命令）

以交叉窗口或交叉多边形选择要拉伸的对象...

选择对象：指定对角点：找到 1 个（选择对象，如图 5-22（a）所示）

选择对象：（按 Enter 键，完成选择）

指定基点或 [位移(D)] <位移>：（指定要拉伸的起点）

指定第二个点或 <使用第一个点作为位移>：（指定要拉伸到的终点，如图 5-22（b）所示）

完成对象的拉伸操作，结果如图 5-22（c）所示。

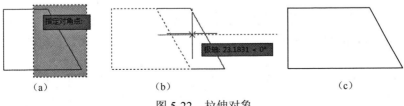

（a）　　　　　　　　　　（b）　　　　　　　　　　（c）

图 5-22　拉伸对象

5.4.3 拉长对象

拉长命令用于改变圆弧的角度，或改变非闭合对象的长度，包括直线、圆弧、椭圆弧、开放的多段线和样条曲线等。执行拉长命令的方法如下：

- 从菜单栏中选择【修改】→【拉长】命令。
- 在功能区【常用】选项卡的【修改】面板中单击【拉长】按钮 。
- 在命令窗口中输入 LENGTHEN（或别名 LEN）命令，按 Enter 键。

用增量方式拉长三角形的底边，命令行提示如下：

命令：_lengthen（执行拉长命令）

选择对象或 [增量(DE)/百分数(P)/全部(T)/动态(DY)]：（单击三角形底边）

当前长度：200

选择对象或 [增量(DE)/百分数(P)/全部(T)/动态(DY)]：de（输入 de，按 Enter 键，表示选择增量方式）

输入长度增量或 [角度(A)] <10.0000>：100（输入增加的长度为 100，按 Enter 键）

选择要修改的对象或 [放弃(U)]：（在直线上需要拉长处单击，即可在该处拉长直线，完成操作后，按 Enter 键）

完成拉长对象操作，结果如图 5-23 所示。

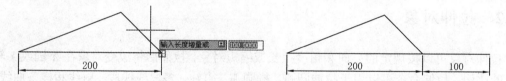

图 5-23　拉长对象

拉长对象的结果与延伸和修剪操作相似，可以动态地拖动对象的端点进行拉长，可以按总长度或角度的百分比指定新长度或角度，也可以指定从端点开始测量的增量长度或角度，还可以指定对象总的绝对长度或包含角进行编辑。

5.5 修改对象

在绘图过程中，掌握了各种修改对象的编辑命令之后，只要根据需要对图形对象进行修改即可，非常方便。修改对象主要包括修剪、延伸、打断、合并、倒角和圆角等操作。

5.5.1 修剪对象

使用修剪功能可以修剪对象，使它们精确地终止于由其他对象定义的边界。【修剪】命令是在绘图过程中使用频率非常高的一个命令，它不仅可以修剪相交或不相交的二维对象，还可以修剪三维对象。

选择的剪切边或边界边无须与修剪对象相交，可以将对象修剪或延伸至投影边或延长线的交点，即对象延长后相交的地方。在执行【修剪】命令时，如果未指定边界并在"选择对象"提示下按 Enter 键，则显示的所有对象都将成为可能边界。执行修剪命令的方法如下：

- 从菜单栏中选择【修改】→【修剪】命令。
- 在功能区【常用】选项卡的【修改】面板中单击【修剪】按钮 。
- 在命令窗口中输入 TRIM 命令，按 Enter 键。

利用修剪功能，将如图 5-24（a）所示的门洞进行修剪，命令行提示如下：

命令：_trim（执行修剪命令）

当前设置：投影=UCS，边=无

选择剪切边...

选择对象或＜全部选择＞：指定对角点：找到 15 个（选取修剪对象，如图 5-24（b）所示）

选择对象：（按 Enter 键完成选择）

选择要修剪的对象，或按住 Shift 键选择要延伸的对象，或

[栏选(F)/窗交(C)/投影(P)/边(E)/删除(R)/放弃(U)]：（分别拾取需要修剪的部分）

选择要修剪的对象，或按住 Shift 键选择要延伸的对象，或

[栏选(F)/窗交(C)/投影(P)/边(E)/删除(R)/放弃(U)]：（分别拾取需要修剪的部分）

选择要修剪的对象，或按住 Shift 键选择要延伸的对象，或[栏选(F)/窗交(C)/投影(P)/边(E)/

删除(R)/放弃(U)]：

完成修剪对象操作，结果如图 5-24（c）所示。

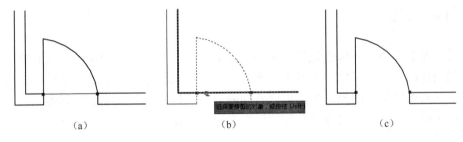

（a）　　　　　　　　　（b）　　　　　　　　　（c）

图 5-24　修剪对象

　　完成修剪对象操作后，可能会有修剪后残留下的一些线条，可以使用删除对象命令进行清理。说明：在实际的绘图过程中，常用窗口或交叉窗口方式选择修剪边界。所选择的修剪对象既可以作为剪切边，也可以是被修剪的对象。修剪若干个对象时，使用不同的选择方法有助于选择当前的剪切边和修剪对象。

5.5.2　延伸对象

　　【延伸】命令和【修剪】命令是一组作用相反的命令，使用【延伸】命令可以将直线、圆弧和多段线等对象的端点延长到指定的边界。执行延伸命令的方法如下：

- 从菜单栏中选择【修改】→【延伸】命令。
- 在功能区【常用】选项卡的【修改】面板中单击【延伸】按钮 。
- 在命令窗口中输入 EXTEND 命令，按 Enter 键。

将如图 5-25（a）所示的螺钉示意图中的两条虚线延伸至右侧竖线处，命令行提示如下：

命令：_extend（执行延伸命令）

当前设置：投影=UCS，边=无

选择边界的边...

选择对象或 <全部选择>: 指定对角点: 找到 1 个（选择边界对象）

选择对象:（按 Enter 键，完成选择）

选择要延伸的对象，或按住 Shift 键选择要修剪的对象，或

[栏选(F)/窗交(C)/投影(P)/边(E)/放弃(U)]:（选取要延伸的对象）

选择要延伸的对象，或按住 Shift 键选择要修剪的对象，或

[栏选(F)/窗交(C)/投影(P)/边(E)/放弃(U)]:（选取要延伸的对象）

完成延伸对象操作，结果如图 5-25（b）所示。

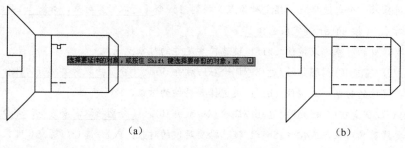

（a） （b）

图 5-25 延伸对象

5.5.3 打断对象

使用【打断】命令，可以在直线、多段线、射线、样条曲线、圆和圆弧等对象上的两个指定点之间创建间隔，可以将一个对象打断为两个对象或删除对象中的一部分。根据设置不同，对象之间既可以具有间隔，也可以没有间隔。若要打断对象而不创建间隔，则可以在相同的位置指定两个打断点，完成此操作的最快方法是在提示输入第二点时输入@0,0。执行打断命令的方法如下：

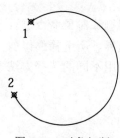

图 5-26 对象打断

- 从菜单栏中选择【修改】→【打断】命令。
- 在功能区【常用】选项卡的【修改】面板中单击【打断】按钮 。
- 在命令窗口中输入 BREAK 命令，按 Enter 键。

利用打断功能，可以在大多数几何对象上创建打断，但不包括以下对象：块、标注、多线和面域。若打断对象是圆形，程序将按逆时针方向删除圆上第一个打断点到第二个打断点之间的部分，如图 5-26 所示。

5.5.4 合并对象

【合并】命令与【打断】命令也是一组效果相反的命令。合并对象是指将相似的对象合并为一个对象。执行合并命令的方法如下：

- 从菜单栏中选择【修改】→【合并】命令。
- 在功能区【常用】选项卡的【修改】面板中单击【合并】按钮 。
- 在命令窗口中输入 JOIN 命令，按 Enter 键。

命令行提示如下，效果如图 5-27 所示。

命令：_join（执行合并命令）

选择源对象或要一次合并的多个对象：指定对角点：找到 2 个（选择合并对象）

选择要合并的对象：（按 Enter 键完成选择）

2 条直线已合并为 1 条直线

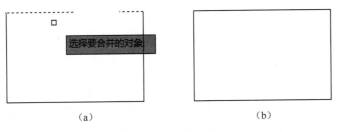

（a）　　　　　　　　　　　（b）

图 5-27　合并对象

5.5.5　分解对象

如果要对矩形、块和多段线等由多个对象编组而成的组合对象进行编辑，需要先将它们分解，然后对单个对象进行编辑。执行分解命令的方法如下：

- 从菜单栏中选择【修改】→【分解】命令。
- 在功能区【常用】选项卡的【修改】面板中单击【分解】按钮 ⬚。
- 在命令窗口中输入 EXPLODE，按 Enter 键。

命令行提示如下，效果如图 5-28 所示。

命令：_explode（执行分解命令）

选择对象：找到 1 个（选择分解对象）

选择对象：（按 Enter 键完成）

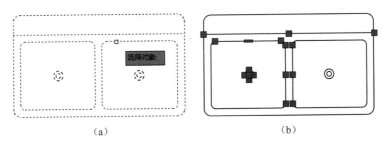

（a）　　　　　　　　　　　（b）

图 5-28　分解对象

5.5.6　删除对象

在绘图过程中常需要绘制辅助对象来帮助定位，而在绘制完成后，还需要将这些辅助对象删除。执行删除命令的方法如下：

- 从菜单栏中选择【修改】→【删除】命令。
- 在功能区【常用】选项卡的【修改】面板中单击【删除】按钮 ✎。

- 在命令窗口中输入 ERASE 命令，按 Enter 键。

命令行提示如下：

命令: _erase（执行删除命令）

选择对象: 找到 1 个（选择要删除对象）

选择对象:（按 Enter 键完成）

5.5.7 倒角

倒角命令用于对两条非平行的直线或多段线创建有一定斜度的倒角。使用【倒角】命令可以将两个非平行的对象进行倒角连接，使它们以平角或倒角相接，通常用于表示角点上的倒角边。可以使用【倒角】命令的对象有：直线、多段线、射线、构造线、三维实体等。执行倒角命令的方法如下：

- 从菜单栏中选择【修改】→【倒角】命令。
- 在功能区【常用】选项卡的【修改】面板中单击【倒角】按钮 。
- 在命令窗口中输入 CHAMFER 命令，按 Enter 键。

命令行提示如下：

命令: _chamfer（执行倒角命令）

（"修剪"模式）当前倒角距离 1 = 0.0000，距离 2 = 0.0000

选择第一条直线或 [放弃(U)/多段线(P)/距离(D)/角度(A)/修剪(T)/方式(E)/多个(M)]: d（指定倒角距离）

指定 第一个 倒角距离 <0.0000>: 10（指定第一个倒角距离为 10）

指定 第二个 倒角距离 <10.0000>: 15（指定第二个倒角距离为 15）

选择第一条直线或 [放弃(U)/多段线(P)/距离(D)/角度(A)/修剪(T)/方式(E)/多个(M)]:（单击要进行倒角的图形对象）

选择第二条直线，或按住 Shift 键选择要应用角点的直线:（单击要进行倒角的对象）

用户可以使用两种方法来创建倒角：一种是指定倒角两端的距离，如图 5-29（a）所示；另一种是指定一端的距离和倒角的角度，如图 5-29（b）所示。

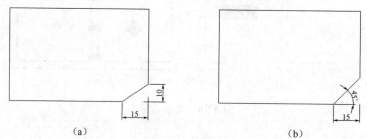

(a)   (b)

图 5-29　创建倒角

在执行倒角命令的过程中，常用选项的含义如下。

多段线（P）：使用该选项可以按当前设置的倒角大小对一条多段线上的多个顶点按设置的距离同时倒角。

距离（D）：设置倒角的精确距离。倒角距离是每个对象与倒角线相接或与其他对象相交而需要修剪或延伸的长度。如果两个倒角距离都为 0，则倒角操作将修剪或延伸这两个对象直至它们相交，但不创建倒角线。在默认情况下，对象在倒角时被修剪。

角度（A）：采用指定一端距离和倒角角度的方法设置倒角距离，如图 5-29（b）所示。

修剪（T）：定义添加倒角后，是否保留原倒角对象的拐角边。

方式（E）：将原有的距离或角度设置为选项，指定本次倒角的创建类型。

多个（M）：依次选取多个对应的倒角边，为图像的多处拐角添加倒角。

5.5.8 圆角

使用【圆角】命令可以通过一个指定半径的圆弧来光滑地连接两个对象，可以进行圆角处理的对象包括直线、多段线的直线段、样条曲线、射线、构造线、圆、圆弧和椭圆等。执行圆角命令的方法如下：

● 从菜单栏中选择【修改】→【圆角】命令。

● 在功能区【常用】选项卡的【修改】面板中单击【圆角】按钮 。

● 在命令窗口中输入 FILLET 命令，按 Enter 键。

执行圆角命令，为图形对象添加圆角。命令行提示如下：

命令: _fillet（执行圆角命令）

当前设置: 模式 = 修剪, 半径 = 0.0000

选择第一个对象或 [放弃(U)/多段线(P)/半径(R)/修剪(T)/多个(M)]: r（选择半径设置选项）

指定圆角半径 <0.0000>: 10（将半径设为 10）

选择第一个对象或 [放弃(U)/多段线(P)/半径(R)/修剪(T)/多个(M)]: m（选择多个选项）

选择第一个对象或 [放弃(U)/多段线(P)/半径(R)/修剪(T)/多个(M)]:（选择第一个圆角对象）

选择第二个对象，或按住 Shift 键选择要应用角点的对象:（选择第二个圆角对象）

……

依次单击需要进行圆角处理的对象，完成命令操作，结果如图 5-30 所示。

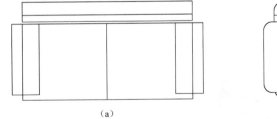
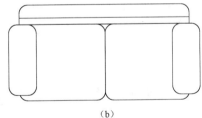

（a） （b）

图 5-30 创建圆角

说明：圆角半径是连接圆角处理对象的圆弧半径，更改圆角半径将影响后续的圆角操作。如果设定圆角半径为 0，则圆角处理的对象将被修剪或延伸直到它们相交，并不创建圆弧。在默认情况下，【圆角】命令采用【修剪】选项。用户可以使用【修剪】选项指定是否修剪选定的对象、将对象延伸到创建的圆弧端点，或不做修改。

5.6 使用对象夹点

在对图形进行编辑时，除了可以应用前面介绍的各类编辑工具外，还可以利用 AutoCAD

提供的夹点工具来编辑图形。当图形对象被选中后，对象的关键点上将会显示若干个小方框，即用来标记被选中对象的夹点，也是对象的控制点。用户可以使用不同类型的夹点和夹点模式以不同的方式重新塑造、移动或操纵图形对象。

5.6.1　使用夹点模式

选择一个对象夹点即可激活默认的夹点模式（拉伸），开始对图形对象进行编辑，如图 5-31（a）所示。用户还可以按 Enter 键或空格键来循环浏览其他夹点模式，如移动、旋转、缩放和镜像等。也可以在选定的夹点上单击右键，以查看快捷菜单上的所有可用命令，如图 5-31（b）所示。

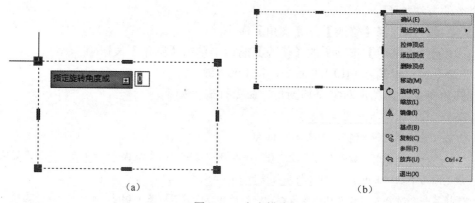

图 5-31　夹点模式

1. 夹点拉伸

当用户选中需要进行拉伸的对象夹点时，该夹点将会高亮显示，并激活默认夹点模式"拉伸"。此时，只需要移动光标到合适位置后单击，即可完成对象的拉伸，如图 5-32 所示。若需要在拉伸时复制所选定的对象，可在拉伸此对象的同时按下 Ctrl 键。当用户选中文字、块参照、直线中点、圆心和点对象上的夹点时，将移动对象而不是拉伸对象。

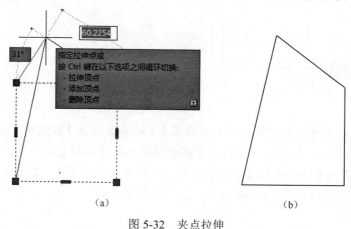

图 5-32　夹点拉伸

2. 夹点旋转

在夹点编辑模式下，确定基点后，将夹点模式切换为旋转模式，即可利用拖动光标移动或输入旋转角度的方法旋转对象，如图 5-33 所示。

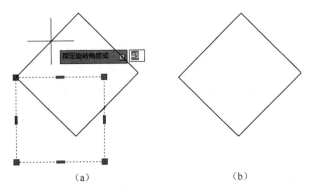

（a）　　　　　　　（b）

图 5-33　夹点旋转

3．夹点缩放

用户可以通过夹点功能相对于基点缩放选定对象。可以通过从基点夹点向外拖动光标并指定点的位置来增大对象尺寸，或通过向内拖动光标减小尺寸。此外，也可以通过输入比例因子来指定缩放比例，如图 5-34 所示。

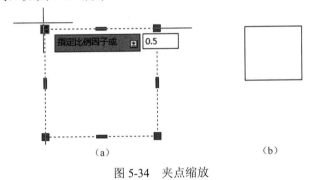

（a）　　　　　　　（b）

图 5-34　夹点缩放

4．夹点镜像

在夹点编辑模式下确定基点后，将夹点模式切换为镜像模式，即可对选定对象进行镜像操作。与"镜像"命令的功能类似，镜像操作后将会删除原对象。如果需要在镜像时复制所选定的对象，可在执行镜像操作的同时按下 Ctrl 键，如图 5-35 所示。

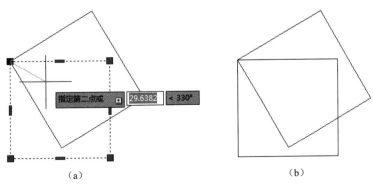

（a）　　　　　　　（b）

图 5-35　夹点镜像

5.6.2 使用多功能夹点

对于很多对象，将光标悬停在夹点上，可以访问具有特定于对象（有时为特定于夹点）的编辑命令的菜单。按 Ctrl 键可循环浏览夹点菜单的不同命令。具备多功能夹点的对象有直线、多段线、圆弧、椭圆弧、样条曲线、标注对象、多重引线等。

例如，利用多功能夹点对矩形对象进行编辑时，其多功能夹点为矩形各边中点，用户可对其进行拉伸、添加顶点和转换为圆弧等操作，如图 5-36 所示。

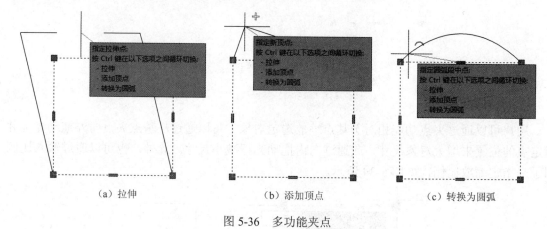

（a）拉伸   （b）添加顶点   （c）转换为圆弧

图 5-36　多功能夹点

实训 5

1. 绘制传动轴

运用基本绘图命令及本章所学的镜像等编辑命令，绘制一个"传动轴"零件图。在绘制过程中，运用对象捕捉追踪、极轴追踪、对象捕捉、动态输入等辅助功能，以提高绘图的准确性和效率。具体的操作步骤如下。

1）启动 AutoCAD 2012，新建一个图形文件，将工作空间选定为"草图与注释"。

2）在功能区【常用】选项卡的【图层】面板中单击【图层特性】按钮，在打开的图层特性管理器中创建"中线"、"轮廓线"、"标注"和"图框" 4 个图层。各图层设置要求如图 5-37 所示。

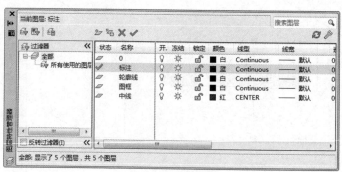

图 5-37　设置图层

3）将"中线"图层置为当前，并在功能区【常用】选项卡的【绘图】面板中单击【多段线】按钮，绘制图形中线，长度为 120。

4）将"轮廓线"图层置为当前，并在功能区【常用】选项卡的【绘图】面板中单击【多段线】按钮，绘制图形轮廓线，尺寸如图 5-38 所示。

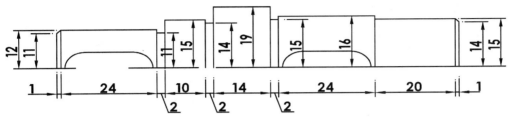

图 5-38　绘制轮廓线

5）在功能区【常用】选项卡的【修改】面板中单击【镜像】按钮，对上一步所绘制的图形进行镜像操作，以完善图形绘制，如图 5-39 所示。

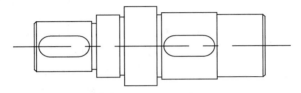

图 5-39　绘制传动轴

6）完成图形绘制，将文件保存至指定位置，文件名为"传动轴"。

2．绘制齿轮

运用基本绘图命令及本章所学的偏移、阵列等编辑命令，绘制一个"齿轮"零件图。在绘制过程中，运用对象捕捉追踪、极轴追踪、对象捕捉、动态输入等辅助功能，以提高绘图的准确性和效率。具体的操作步骤如下。

1）启动 AutoCAD 2012，新建一个图形文件，将工作空间选定为"草图与注释"。

2）在功能区【常用】选项卡的【图层】面板中单击【图层特性】按钮，在打开的图层特性管理器中创建"中心线"、"轮廓线"、"标注"三个图层。图层设置要求如图 5-40 所示。

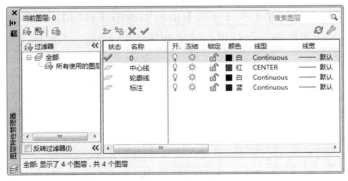

图 5-40　设置图层

3）将"中心线"图层置为当前，并在功能区【常用】选项卡的【绘图】面板中单击【直线】按钮，绘制图形定位中心线，长度为 140。

4）将"轮廓线"图层置为当前，并在功能区【常用】选项卡的【绘图】面板中单击【圆】按钮 ⊘圆心，半径 ，绘制图形轮廓线，圆形半径为 10，如图 5-41 所示。

5）将"轮廓线"图层置为当前，并在功能区【常用】选项卡的【修改】面板中单击【偏移】按钮 ，将上一步所绘制的圆形向外进行偏移，偏移距离分别为 5、40、50，完善图形轮廓线的绘制，如图 5-42 所示。

图 5-41　绘制中心线　　　　　　　　　　图 5-42　绘制轮廓线

6）在功能区【常用】选项卡的【绘图】面板中单击【多段线】按钮 ，绘制齿轮的一个轮齿。轮齿底宽为 15，顶宽为 5，高度为 8，如图 5-43 所示。

7）在功能区【常用】选项卡的【修改】面板中单击【环形阵列】按钮 阵列 ，将上一步所绘制的轮齿进行环形阵列，环形阵列中心点为圆形轮廓的圆心，阵列项目数为 20，阵列填充角度为 360，如图 5-44 所示。

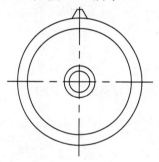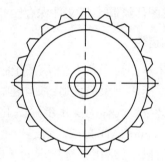

图 5-43　绘制轮齿　　　　　　　　　　图 5-44　阵列轮齿

8）在功能区【常用】选项卡的【修改】面板中单击【修剪】按钮 ✄ 修剪 ，对上一步所绘制的齿轮图形中多余的线条进行处理，结果如图 5-45 所示（不用标注尺寸）。

9）完成图形绘制，将文件保存至指定位置，文件名为"齿轮"。

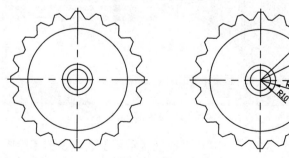

图 5-45　绘制齿轮

练习题 5

1. 利用本章所学的直线、矩形、多段线、圆弧等绘图工具及相关的编辑工具，绘制如图 5-46 所示的台灯示意图并保存至指定位置。

2. 利用本章所学的多段线、阵列等工具，绘制如图 5-47 所示的植物示意图并保存至指定位置。

图 5-46　台灯示意图

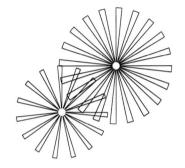

图 5-47　植物示意图

3. 利用本章所学的直线、多段线、矩形、圆弧等工具，绘制如图 5-48 所示的马桶示意图并保存至指定位置。

4. 利用本章所学的直线、多段线、矩形、圆弧等工具，绘制如图 5-49 所示的欧式窗示意图并保存至指定位置。

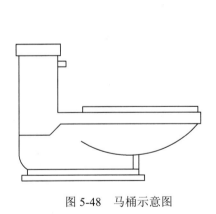

图 5-48　马桶示意图

图 5-49　欧式窗示意图

第 6 章　文字和表格

在一张完整的工程图中除了要具有表达结构形状的轮廓图形外，还必须有完整的尺寸标注、形位公差标注、技术要求和明细表等注释元素。一些无法直接用图形表示清楚的内容可以采取文字和表格说明的形式来表达，例如设计说明、技术要求等都可以通过文字标注或表格的形式来表达。

本章主要介绍文字和表格在 AutoCAD 2012 中的设置及编辑方法。通过学习，用户应能够熟练掌握文字样式的设置、文字标注和编辑的基本方法，以及创建和编辑表格的方法。

6.1　设置文字样式

在使用 AutoCAD 绘制图形的过程中，对图形添加文字之前，通常需要预先定义文字样式，即定义其中文字的字体、字高、文字倾斜角度等参数。文本的外观是由文字样式所决定的。用户可以根据需要对已有的文字样式进行设置，从而创建新的文字样式。

6.1.1　新建文字样式

在 AutoCAD 中创建文字样式时，系统将自动建立一个默认的义字样式"标准（Standard）"，并且该样式会被默认引用。但在实际绘图过程中，仅有一个"标准（Standard）"样式是不够的，还需要使用其他文字样式来创建文字。用户可以使用【文字样式】命令来创建或修改文字样式。创建文字样式的方法如下：

- 从菜单栏中选择【格式】→【文字样式】命令。
- 在功能区【常用】选项卡的【注释】面板中单击【文字样式】按钮。
- 在命令窗口中输入 STYLE 命令，按 Enter 键。

执行上述任意一种命令操作后，系统将会弹出【文字样式】对话框，如图 6-1 所示。

图 6-1　【文字样式】对话框

1．设置文字字体

在【字体】栏中有很多种字体类型，AutoCAD 的默认字体是 txt.shx，它通常用于系统字体的任何文字样式。各选项的含义如下。

【字体名】：在该下拉列表中选择一种字体，并通过对话框左侧的【预览】窗口对所选的字体进行预览。其中，字体名称中带有"@"符号的表示文字竖向排列，不带"@"符号的表示文字横向排列。

【字体样式】：为所选字体提供不同的字体样式，可根据需要选择【常规】、【粗体】或【斜体】等多种字体样式。

【使用大字体】：该复选框只有在【字体名】下拉列表中选中 shx 字体文件时才处于激活状态，启用该复选框以指定亚洲语言的大字体文件。

2．设置文字大小

在【大小】栏中可进行注释性文字的设置和高度设置。其中，在【高度】文本框中输入数值以设置文字的高度。输入大于 0.0 的值将自动为此样式设置文字高度；如果输入 0.0，则文字高度将默认为上次使用的文字高度，或使用存储在图形样板文件中的值。

3．设置文字效果

在【效果】栏中可以编辑字体放置的特殊效果，通过启用或禁用【颠倒】、【反向】和【垂直】复选框实现。【垂直】复选框只有在选定字体支持双向时才可用。例如，TrueType 字体的垂直定位不可用。各种文字放置效果如图 6-2 所示。在【宽度因子】和【倾斜角度】文本框中可以对字体的宽度及文字放置的倾斜角度进行设置，效果如图 6-3 所示。

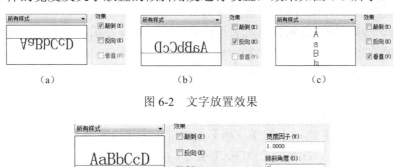

图 6-2　文字放置效果

图 6-3　字体宽度与倾斜角度

6.1.2　修改文字样式

如果图形中使用的某种字体在当前的系统中不可获取，则该字体自动被另一种字体替换。程序通过替换字体来处理当前系统中不提供的字体。

如果将固定高度指定为文字样式的一部分，则在创建单行文字时将不提示输入高度值；如果文字样式中的高度设置为 0，则每次创建单行文字时都会提示用户输入高度值。

某些样式设置对多行文字和单行文字对象的影响不同。例如，启用【颠倒】和【反向】复选框对多行文字对象无影响。修改【宽度因子】和【倾斜角度】对单行文字对象无影响。

6.1.3　删除文字样式

当不需要某种文字样式时，可以删除它。打开【文字样式】对话框，在【字体样式】下拉列表中选中要删除的文字样式，单击【删除】按钮，在打开的提示对话框中单击【是】按钮，即可删除该文字样式。

6.2　创建文字

创建并设置好文字样式后就可以在绘图区域中创建文字了。在 AutoCAD 中，标注文字分为单行文字和多行文字两种。此外还需要熟练掌握特殊格式的设置和特殊符号的输入方法。

6.2.1　单行文字

利用【单行文字】工具可以创建一行或多行文字，通过按 Enter 键结束每一行文字。每行文字都是独立的对象，不仅可以利用该工具一次性地在图纸中任意位置添加所需的文本内容，而且还可以对每一行文字进行单独的编辑修改。

创建单行文字时，用户首先要指定文字样式并设置对齐方式。用于单行文字的文字样式与用于多行文字的文字样式相同。

当需要输入的文字内容较少时，可以用创建单行文字的方法输入。创建单行文字的方法如下：

- 从菜单栏中选择【绘图】→【文字】→【单行文字】命令。
- 在功能区【常用】选项卡的【注释】面板中单击【单行文字】按钮 A 单行文字。
- 在命令窗口中输入 TEXT 或 DTEXT 命令，按 Enter 键。

执行单行文字命令，先要指定第一个字符的插入点，完成首行文字的输入，按 Enter 键，系统将紧接着最后创建的文字对象定位新的文字。如果在此命令执行过程中指定了另一个点，光标将会移到该点上，可以继续输入文字。每次按 Enter 键或指定点时，都会创建新的文字对象。

利用【单行文字】工具，创建如图 6-4 所示的文字内容。

在输入文字内容过程中，程序将以适当的大小在水平方向上显示文字，以便用户轻松地阅读和编辑文字。执行单行文字命令，命令行提示如下：

AutoCAD辅助设计

图6-4　单行文字输入

命令：_dtext（执行单行文字命令）

当前文字样式：　"建筑"　文字高度：　3.5000　注释性：　否

指定文字的起点或 [对正(J)/样式(S)]：j（更改文字对正方式，也可输入 s 更改文字样式）

输入选项

[对齐 (A) /布满 (F) /居中 (C) /中间 (M) /右对齐 (R) /左上 (TL) /中上 (TC) /右上 (TR) /左中 (ML) /正中 (MC) /右中 (MR) /左下 (BL) /中下 (BC) /右下 (BR)]: ml（选择左中对齐方式）

指定文字的左中点:（单击文字对象的起点）

指定高度 <3.5000>: 5 （根据需要指定字高）

指定文字的旋转角度 <0>:（根据需要指定文字的旋转角度）

图 6-5 【对正样式】
快捷菜单

用户在修改文字的对正方式时，除了在命令提示行中有对正样式的提示以外，AutoCAD 2012 还提供了如图 6-5 所示的【对正样式】快捷菜单。用户还可以在功能区【注释】选项卡的【文字】面板中选择使用，以更好地提高工作效率。

完成以上设置后，按 Enter 键，进入文字输入状态，输入所需标注的文字内容。此时，用户还可以在绘图区其他地方单击，以继续文字的标注，直至完成所有的标注内容后，再按 Enter 键完成标注工作。

6.2.2 多行文字

在进行图形的文字标注时，对于较长、较为复杂的内容，可以创建多行文字。可以通过输入或导入文字来创建多行文字对象，利用【在位文字编辑器】集中地完成文字输入和编辑的全部功能。多行文字对象可以包含一个或多个文字段落，可作为单一对象进行处理。

输入文字之前，用户应指定文字边框的对角点。文字边框用于定义多行文字对象中段落的宽度。多行文字是由任意数目的文字行或段落组成的，将会自动布满指定的宽度，还可以沿垂直方向无限延伸。多行文字对象的长度取决于文字量，而不是边框的长度。多行文字对象和输入的文本文件容量最大为 256KB。

无论行数为多少，单个编辑任务中创建的每个段落集都将构成单个对象，用户可以对多行文字对象进行移动、旋转、删除、复制、镜像或缩放操作，还可以利用夹点功能移动或旋转多行文字对象。

功能区选项卡及【在位文字编辑器】将显示顶部带有标尺的边界框。如果功能区【文字编辑器】选项卡未处于活动状态，则还将显示【文字格式】工具栏。在位文字编辑器是透明的，因此用户在创建文字时可以看到文字是否与其他对象重叠。在操作过程中要关闭透明度，可以从菜单栏中选择【选项】→【不透明背景】命令。也可以将已完成的多行文字对象的背景设置为不透明，并设置其颜色。另外，用户也可以在多行文字中插入字段。字段是设置为显示可能会修改的数据的文字。当字段更新时，将会显示最新的字段值。创建多行文字的方法如下：

- 从菜单栏中选择【绘图】→【文字】→【多行文字】命令。
- 在功能区【常用】选项卡的【注释】面板中单击【多行文字】按钮 A 多行文字。
- 在命令窗口中输入 MTEXT 命令，按 Enter 键。

通过以上三种方式执行命令后，单击文本框的两个对角点，系统将会显示【在位文字编辑器】，其中包含【文字格式】工具栏、【段落】对话框、工具栏菜单和编辑器设置等内容。另外，在绘图区域也会出现一个文字编辑窗口，如图 6-6 所示。

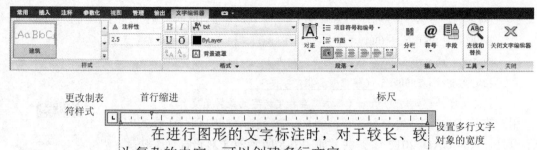

更改制表符样式　　首行缩进　　　　　　　　　　　　　　　标尺

设置多行文字对象的宽度

段落缩进

在进行图形的文字标注时，对于较长、较为复杂的内容，可以创建多行文字。

使用多行文字可以通过输入或导入文字来创建多行文字对象，它是利用"在位文字编辑器"集中地完成文字输入和编辑的全部功能。

设置多行文字对象的长度

图 6-6　在位文字编辑器窗口

用户可以利用文字窗口提供的【首行缩进】、【段落缩进】滑块来调整文字段落格式。例如，要对每个段落均采取首行缩进，可以拖动标尺上的【首行缩进】滑块；要对每个段落设置其他行缩进，则可以拖动【段落缩进】滑块。

如果用户需要使用其他文字样式而不是默认值，则可以在【文字编辑器】选项卡的【样式】面板中，根据需要选择不同的文字样式。另外，在多行文字对象中，用户还可以通过将多种格式（如下画线、上画线、粗体、倾斜、宽度因子和不同的字体）应用于单个字符来替代当前的文字样式。

6.2.3　特殊符号

用户在使用单行文字或多行文字的时候，常需要在文字中加入一些特殊符号，如百分号"％"、角度符号"°"等，每个符号都有专门的代码，这些代码由字母、符号或数字组成，常用的控制符号有以下几种。

%%O：打开或关闭文字上画线。

%%U：打开或关闭文字下画线。

%%D：标注角度符号（°）。

%%P：标注正、负公差符号（±）。

%%C：标注直径符号（ϕ）。

在单行文字中插入特殊符号时，可以通过输入该特殊符号的代码的方法来插入符号；在多行文字中插入特殊符号时，除了输入代码外，还有以下两种方法。

① 可以在【文字编辑器】选项卡的【插入】面板中单击【符号】按钮，将会弹出如图 6-7 所示的下拉菜单，在这里单击所需使用的符号即可。

② 在多行文字输入框中单击右键，从弹出的快捷菜单中选择【符号】命令，在弹出的级联子菜单中选择需要的符号即可，如图 6-8 所示。

如果在【符号】级联子菜单中找不到某符号，则选择【其他】命令，在打开的【字符映射表】对话框中选择符号，如图 6-9 所示。

图 6-7 【符号】下拉菜单

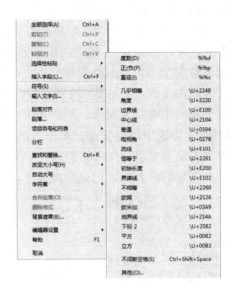

图 6-8 【符号】级联子菜单

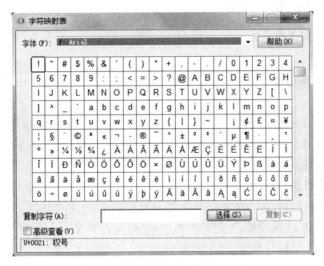

图 6-9 【字符映射表】对话框

6.2.4 堆叠文字

进行工程图绘制时，经常会遇到需要标注表示分数或公差的字符。在 AutoCAD 2012 中，用户可以使用堆叠文字进行标注，它是指应用于多行文字对象和多重引线中的字符的分数与公差格式。

在 AutoCAD 2012 中，可以使用特殊字符用以指示如何堆叠选定的文字：斜杠（/）以垂直方式堆叠文字，由水平线分隔；井号（#）以对角形式堆叠文字，由对角线分隔；插入符（^）创建公差堆叠（垂直堆叠，且不用直线分隔）。自动堆叠功能仅应用于堆叠斜杠、井号和插入符前后紧邻的数字字符。对于公差堆叠，"+"、"－"和小数点字符也可以自动堆叠。

若要在【在位文字编辑器】中手动堆叠字符，先选择要进行格式设置的文字（包括特殊的堆叠字符），然后单击【文字格式】工具栏中的【堆叠】按钮  即可。例如，如果在多行文字对象中输入 3#5 并后接非数字字符或空格，在默认情况下将会打开如图 6-10 所示的【自动堆叠特性】对话框，并且可以在其中更改设置以指定首选格式，例如，可以选择自动堆叠数字（不包括非数字文字）并删除前导空格，也可以指定用斜杠字符创建斜分数还是水平分数。完成设置并单击【确定】按钮或 Enter 键即可创建堆叠文字，如图 6-11 所示。

对于已经创建的堆叠文字对象，用户还可以通过【堆叠特性】对话框进行修改。首先在【在位文字编辑器】中选中堆叠文字并单击右键，从弹出的快捷菜单中选择【堆叠特性】命令项，或者直接双击堆叠文字，打开如图 6-12 所示的【堆叠特性】对话框。在该对话框中，用户可以编辑堆叠文字的内容，还可以修改堆叠样式、位置和大小等选项。

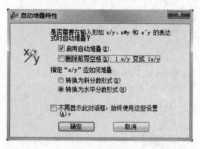

图 6-10 【自动堆叠特性】对话框

图 6-11 创建堆叠文字

图 6-12 【堆叠特性】对话框

6.2.5 文字标注编辑

文字标注编辑包括修改文字内容、修改文字格式和特性。无论利用【单行文字】工具还是【多行文字】工具创建的文字对象，都可以像其他对象一样进行编辑。既可以对文字对象进行移动、旋转、删除和复制等操作，也可以在【特性】选项板中修改文字特性。

用户可以采用【修改】面板中的常用编辑命令对文字对象进行复制、删除、移动、缩放等操作，也可以采用对象特性功能来修改文字对象的内容、文字样式、位置、方向、大小、对正和其他特性。如果只需要修改文字的内容而无须修改文字对象的格式或特性时，使用 DDEDIT 命令即可。文字标注编辑的方法如下：

- 从菜单栏中选择【修改】→【对象】→【文字】→【编辑】命令。
- 直接在文字对象上双击或在命令窗口输入 DDEDIT 命令。
- 选择文字对象，单击右键，从弹出的快捷菜单中选择【特性】命令。
- 选择文字对象，在打开的【快捷特性】窗口中进行修改，如图 6-13 所示。

图 6-13 文字对象【快捷特性】窗口

用户可以使用【特性】选项板、【在位文字编辑器】和夹点功能来修改多行文字对象的位置与内容。另外，还可以使用夹点功能移动多行文字或调整列高和列宽。

1. 使用【特性】选项板编辑文字

选择文字对象后，单击右键，从弹出的快捷菜单中选择【特性】命令，将会弹出【特性】选项板，如图 6-14（a）所示。用户可以在此对选定文字对象进行修改。若选中的文字对象是单行文字，可供编辑的项目有：内容、样式、注释性、对正、高度、旋转、宽度因子、倾斜和文字对齐坐标等；若选中的是多行文字，可供编辑的项目与单行文字不同的有：方向、行距比例、行间距、行距样式、背景遮罩、定义的宽度、定义高度和分栏。

例如，在编辑单行文字时，将文字的宽度因子改为0.5，倾斜角度改为30，结果如图6-14（b）所示。在编辑多行文字时，将行距比例设为1.5，并将背景遮罩设为青色，结果如图6-14（c）所示。

图 6-14　文字对象特性编辑

2. 使用【在位文字编辑器】编辑文字

使用【在位文字编辑器】可以修改多行文字对象中的单个格式，例如粗体、颜色和下画线等，还可以更改多行文字对象的段落样式。

例如，对如图 6-15（a）所示段落文字进行以下编辑，双击多行文字对象激活【在位文字编辑器】，然后选中要编辑的文字内容，在【格式】面板中单击【下画线】按钮 U 和【斜体】按钮 I ，在【段落】面板中单击【对正】按钮，结果如图6-15（b）所示。

图 6-15　编辑多行文字

3. 使用夹点功能编辑文字

使用夹点功能编辑文字，先选中要编辑的文字对象，以激活夹点模式。单行文字只具有一个夹点，利用该夹点只能够移动单行文字对象。而多行文字具有三个夹点，分别是多行文字位置、列宽和列高，如图6-16所示。

图 6-16　单行文字夹点和多行文字夹点

6.3　引线标注

在绘制工程图的过程中，经常需要进行一些引线标注，使用 AutoCAD 2012 提供的【引线】功能，用户可以较为方便地创建或修改引线对象，以及向引线对象添加内容，从而大大提高绘图工作效率。用户可以为多重引线对象添加或删除引线，也可以对多个引线进行对齐和合并操作。多重引线对象和其他图形对象一样也可以利用夹点功能进行编辑。

6.3.1　多重引线样式

使用多重引线样式可以控制引线的外观。在 AutoCAD 2012 中，用户可以使用默认的多重引线样式"STANDARD"，也可以自己创建多重引线样式。多重引线样式可以指定基线、引线、箭头和内容的格式。执行多重引线样式命令的方法如下：

- 从菜单栏中选择【格式】→【多重引线样式】命令。
- 在功能区【常用】选项卡的【注释】面板中单击【多重引线样式】按钮 。
- 在命令窗口中输入 MLEADERSTYLE 命令，按 Enter 键。

执行该命令，程序将会打开【多重引线样式管理器】对话框，用户可以在此选择不同的引线样式或新建样式，如图 6-17 所示。单击【新建】按钮，将会打开如图 6-18 所示的【创建新多重引线样式】对话框。

图 6-17　【多重引线样式管理器】对话框　　　图 6-18　【创建新多重引线样式】对话框

单击【继续】按钮将打开【修改多重引线样式】对话框，有【引线格式】、【引线结构】和【内容】三个选项卡。

在【引线格式】选项卡中，主要包括常规、箭头、引线打断三个方面的内容，如图 6-19 所示。在【引线结构】选项卡中，主要包括约束、基线设置和比例三个方面的内容，如图 6-20 所示。在【内容】选项卡中，主要包括多重引线类型、文字选项和引线连接三个方面的内容，如图 6-21 所示。

6.3.2　创建引线

引线对象是一条直线或样条曲线，其中一端带有箭头，另一端带有多行文字对象或块。在某些情况下，有一条短水平线（又称为基线）将文字对象（或块）和特征控制框连接到引线上。基线和引线与多行文字对象（或块）进行关联，因此当重新定位基线时，内容和引线将随其移动。创建引线的方法如下：

图 6-19 【引线格式】选项板

图 6-20 【引线结构】选项板

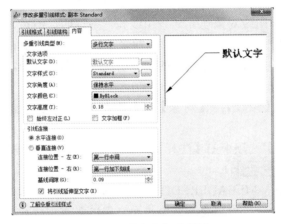

图 6-21 【内容】选项板

- 从菜单栏中选择【标注】→【多重引线】命令。
- 在功能区【常用】选项卡的【注释】面板中单击【多重引线】按钮 多重引线 。
- 在命令窗口中输入 MLEADER 命令，按 Enter 键。

引线对象通常包含箭头、可选的水平基线、引线（或曲线）和多行文字对象（或块）。用户可以从图形中的任意点或部件创建引线，并可在绘制时控制其外观，可以选择先创建箭头或基线，也可以选择先创建引线标注内容。

执行【多重引线】命令，命令行提示如下：

命令：_mleader（执行多重引线命令）

指定引线箭头的位置或 [引线基线优先(L)/内容优先(C)/选项(O)] <选项>：o（设置选项）

输入选项 [引线类型(L)/引线基线(A)/内容类型(C)/最大节点数(M)/第一个角度(F)/第二个角度(S)/退出选项(X)] <退出选项>：c（选择"内容类型"选项）

选择内容类型 [块(B)/多行文字(M)/无(N)] <块>：m（内容类型设为多行文字）

输入选项 [引线类型(L)/引线基线(A)/内容类型(C)/最大节点数(M)/第一个角度(F)/第二个角度(S)/退出选项(X)] <内容类型>：l（选择"引线类型"选项）

选择引线类型 [直线(S)/样条曲线(P)/无(N)] <样条曲线>：s（引线类型设为直线）

输入选项 [引线类型(L)/引线基线(A)/内容类型(C)/最大节点数(M)/第一个角度(F)/第二个角度(S)/退出选项(X)] <引线类型>：X（选择"退出"选项）

指定引线箭头的位置或 [引线基线优先(L)/内容优先(C)/选项(O)] <选项>:（指定引线箭头位置）

指定引线基线的位置:（鼠标指定引线基线位置并输入标注内容）

完成命令操作，如图 6-22（a）所示为直线引线类型，如图 6-22（b）所示为样条曲线引线类型。

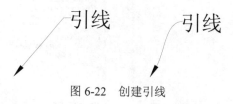

图 6-22　创建引线

6.3.3　添加或删除引线

在通常情况下，多重引线对象包含一条引线和一条说明。但是，这并不能够完全满足使用要求，有时会遇到利用一条说明指向图形中的多个对象进行标注的情况。使用【添加引线】和【删除引线】命令，用户可以向已建立的多重引线对象添加引线，或从已建立的多重引线对象中删除引线。执行添加或删除引线命令的方法如下：

● 从菜单栏中选择【修改】→【对象】→【多重引线】→【添加引线】（或【删除引线】）命令。

● 在功能区【常用】选项卡的【注释】面板中单击【添加引线】按钮 添加引线 或（【删除引线】按钮 删除引线 ）。

● 在命令窗口中输入 MLEADEREDIT 命令，按 Enter 键。

执行【添加引线】命令，可以将引线添加至选定的多重引线对象中，如图 6-23（a）所示。根据光标的位置，新引线将添加到被选定的多重引线的左侧或右侧。执行【删除引线】命令，可以从选定的多重引线对象中删除多余的引线，如图 6-23（b）所示。

（a）　　　　　　　　　　（b）

图 6-23　添加或删除引线

6.3.4　对齐或合并引线

对于图形中标注的多个多重引线对象，用户可以利用【对齐】功能重新进行排列，使其构图更加合理。还可以将多个内容类型为块的多重引线对象合并附着到一条基线上。执行对齐或合并引线命令的方法如下：

● 从菜单栏中选择【修改】→【对象】→【多重引线】→【对齐】（或【合并】）命令。

● 在功能区【常用】选项卡的【注释】面板中单击【对齐】按钮 对齐 或（【合并】工具 合并 ）。

● 在命令窗口中输入 MLEADERALIGN（或 MLEADERCOLLECT）命令，按 Enter 键。

（1）对齐引线

执行【对齐】命令可以将选定的多重引线对象以引出线的尾部为基准对齐并间隔排列，命令行提示如下：

命令：_mleaderalign（执行对齐命令）

选择多重引线：指定对角点：找到 3 个（选择要对齐的多条引线，如图 6-24（a）所示）

选择多重引线：

当前模式：分布

指定第一点或 [选项(O)]：o（设置选项）

输入选项 [分布(D)/使引线线段平行(P)/指定间距(S)/使用当前间距(U)] <分布>：p（选择"使引线线段平行"选项）

选择要对齐到的多重引线或 [选项(O)]：o（设置选项）

输入选项 [分布(D)/使引线线段平行(P)/指定间距(S)/使用当前间距(U)] <使段平行>：s（选择"指定间距"选项）

指定间距 <0.000000>：7（将引线间距设为 7）

选择要对齐到的多重引线或 [选项(O)]：（选择要对齐到的基准引线）

指定方向：（箭头位置不动，调整对齐方向）

完成命令操作，结果如图 6-24（b）所示。

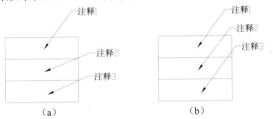

图 6-24　对齐引线

（2）合并引线

执行【合并】命令可以将选定的包含块的多重引线整理到行或列中，并通过单引线显示结果，命令行提示如下：

命令：_mleadercollect（执行合并命令）

选择多重引线：找到 2 个（选择要合并的引线，如图 6-25（a）所示）

选择多重引线：（按 Enter 键完成对象选择）

指定收集的多重引线位置或 [垂直(V)/水平(H)/缠绕(W)] <水平>：（指定合并后的引线位置，如图 6-25（b）所示）

完成命令操作，结果如图 6-25（c）所示。

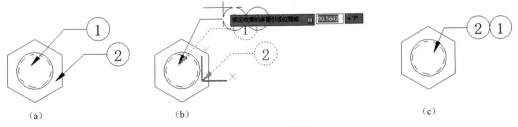

图 6-25　合并引线

6.4 创建表格

表格主要用来显示与图形相关的标准、数据信息、材料信息等内容。在工程图中，表格的应用非常重要，很多的设计数据和信息都需要通过表格的形式来表达。由于图形的类型不同，使用的表格以及每个表格表现的数据信息也不同。例如，在建筑工程施工图中经常要绘制图纸目录、构造做法表、门窗表、构件统计表等。为了使用户能够在工程图绘制过程中快速、方便地创建和编辑表格，AutoCAD 2012 提供了强大的表格编辑功能。

6.4.1 设置表格样式

在 AutoCAD 2012 中，表格的外观由表格样式控制。使用【表格样式】功能，可以指定当前表格样式，以确定所有新创建表格的外观。表格样式包括背景颜色、页边距、边界、文字和其他表格特征的设置。用户可以使用默认表格样式，也可以创建自己的表格样式。表格样式可以在每个类型的行中指定不同的单元样式。用户可以为文字和网格线显示不同的对正方式和外观。设置表格样式的方法如下：

- 从菜单栏中选择【格式】→【表格样式】命令。
- 在功能区【常用】选项卡的【注释】面板中【表格样式】工具 。
- 在命令窗口中输入 TABLESTYLE 命令，按 Enter 键。

执行【表格样式】命令，打开如图 6-26 所示的【表格样式】对话框。用户可以在此选择已有的表格样式，并单击【置为当前】按钮将其应用到工程图中。

若现有的表格样式满足不了用户的需求，也可以创建新的表格样式。单击【新建】按钮打开如图 6-27 所示的【创建新的表格样式】对话框。用户可以在此输入新样式名，还可以选择一个基础样式作为样板。

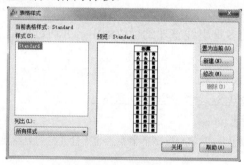

图 6-26　【表格样式】对话框

图 6-27　【创建新的表格样式】对话框

确定新样式名后，单击【继续】按钮，打开如图 6-28 所示的【新建表格样式】对话框。单击【选择起始表格】按钮 ，可在图形文件中选择一个已有的表格作为起始表格。起始表格是图形中用做设置新表格样式的样例表格。当选定表格后，指定要从此表格中复制到表格样式中的结构和内容。单击【删除表格】按钮 ，可以将表格从当前指定的表格样式中删除。用户还可以根据需要创建由上而下或由下而上读取的表格，而且表格的列数和行数几乎是无限制的。

在【单元样式】框中，可以选择标题、表头、数据等项，也可以选择创建或管理新的单元样式。若用户在【单元样式】框中选择【管理单元格式】项，将会打开如图 6-29 所示的对话框。若将名为"标题"的单元样式指定为表格的第一行单元，将会在新表格的顶部创建标题行。表格单元中的文字外观由当前单元样式中指定的文字样式控制，用户可以使用图形中的任何文字样式或创建新样式，也可以使用设计中心复制其他图形中的表格样式。

图 6-28　【新建表格样式】对话框

图 6-29　【管理单元样式】对话框

在【新建表格样式】对话框的【单元样式】栏中可以设置表格中的数据类型以及该数据类型的格式，其中包含常规、文字和边框三个选项卡，如图 6-30 所示。用户可以在相应的选项卡中进行设置。

图 6-30　【单元样式】栏

6.4.2　插入表格

表格是在行和列中包含数据的对象。设置表格样式后，用户就可以从空表格或表格样式创建表格对象。表格创建完成后，用户可以单击该表格上的任意网格线以选中该表格，然后可以利用【特性】选项板或夹点功能来修改表格。插入表格的方法如下：

- 从菜单栏中选择【绘图】→【表格】命令。
- 在功能区【常用】选项卡的【注释】面板中单击【表格】按钮 ⊞ 表格。
- 在命令窗口中输入 TABLE 命令，按 Enter 键。

利用表格功能创建一个图纸目录列表。创建表格的操作步骤如下。

1）在功能区【常用】选项卡的【注释】面板中单击【表格】按钮 ⊞ 表格，在打开的【插入表格】对话框中设置表格参数，如图 6-31 所示。

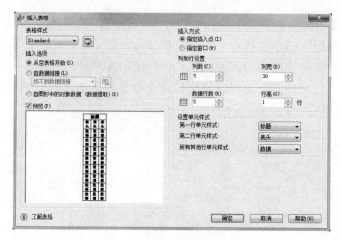

图 6-31 【插入表格】对话框

【插入表格】对话框中各主要选项的功能介绍如下。

【表格样式】：可以在【表格样式】下拉列表中选择表格样式，也可以单击【启用"表格样式"对话框】按钮![img]，创建一个新的表格样式用于当前对话框。

【插入选项】：该选项组包含三个单项项。【从空表格开始】单选项，创建一个空表格；【自数据链接】单选项，可以从外部导入数据来创建表格；【自图形中的对象数据（数据提取）】单选项，可以用于从可输出到表格或外部文件的图形中提取数据来创建表格。

【插入方式】：该选项组包含两个单选按钮。【指定插入点】单选项，在绘图窗口中某点插入固定大小的表格；【指定窗口】单选项，在绘图窗口中通过指定表格两对角点来创建任意大小的表格。

【列和行设置】：通过设置【列数】、【列宽】、【数据行数】和【行高】框中的数值来调整表格的外观大小。

【设置单元样式】：用于设置单元样式。

通常，均以【从空表格开始】插入表格，分别设置好列数和列宽、行数和行高后，单击【确定】按钮，然后在绘图区中指定插入点，在当前位置插入一个表格，并在该表格中添加内容即可完成表格的创建。

2）完成设置后，单击【确定】按钮，并为表格指定插入位置，结果如图 6-32（a）所示。

3）在创建表格后，第一个单元高亮显示，并显示【文字格式】工具栏。这时，用户可以输入表头文字"门窗表"，如图 6-32（b）所示。

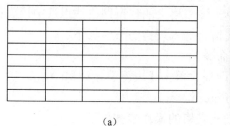

（a）

（b）

图 6-32　创建表格

4）如果行高或列宽不合适，则可以利用表格的夹点功能，根据表格内容调整单元格的大小，如图 6-33 所示。

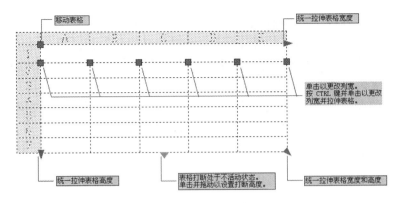

图 6-33 表格夹点

5）在表格单元（单元格）内单击，单元的边框周边将显示夹点。拖动表格单元上的夹点可以调整单元的列宽或行高，如图 6-34 所示。

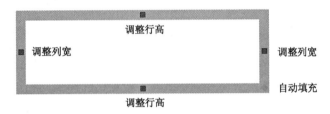

图 6-34 表格单元的夹点编辑

6）依次单击表格中的其他单元，完成所有单元的内容输入。注意：当用户选中某一个单元时，其行高会自动加大以适应输入文字的行数。要将光标移动到下一个单元，可以使用 Tab 键，或使用键盘上的方向键进行移动，结果如图 6-35 所示。

	A	B	C	D	E
1	门窗表				
2		编号	宽×高	数量	备注
3	门	M-1	1500×2400	2	
4		M-2	900×2100	20	
5		M-3	800×2100	4	
6	窗	C-1	1500×1500	30	
7		C-2	1800×1500	10	
8		C-3	900×1500	4	

图 6-35　图纸目录列表

6.4.3　从链接的电子表格创建表格

用户可以将表格链接至 Microsoft Excel 文件中的数据，也可以将其链接至 Excel 中的整个电子表格、行、列、单元或单元范围。包含数据链接的表格将在链接的单元格周围显示标识符。如果将光标悬停在数据链接位置，将会显示有关数据链接的信息。

如果链接的电子表格内容发生变化，用户可以在选中表格后，单击右键，从快捷菜单中选择【更新表格数据链接】命令（DATALINKUPDATE），相应地，更新图形文件中的表格数据。同样，如果对图形文件中的表格进行更改，也可使用此命令更新链接的电子表格。

使用链接电子表格功能创建门窗表的操作步骤如下。

1）在功能区【常用】选项卡的【注释】面板单击【表格】按钮🖽 表格，在【插入表格】对话框中选择【自数据链接】项，并单击【启动数据链接管理器对话框】按钮，系统将会打开【选择数据链接】对话框，如图 6-36 所示。

2）"链接"列表框中单击🖽 创建新的 Excel 数据链接项，在名称输入框中输入【工程量表】，按 Enter 键完成，打开如图 6-37 所示的【新建 Excel 数据链接】对话框。

图 6-36 【选择数据链接】对话框　　　　　　图 6-37 【新建 Excel 数据链接】对话框

3）在【文件】栏中单击【使用现有 Excel 文件或浏览新 Excel 文件】下拉列表框右侧的🖽按钮，选择需要插入的 Excel 文件后，对话框变为如图 6-38 所示的样子。

4）单击【确定】按钮，返回【选择数据链接】对话框，同时，在该对话框下部将会显示数据表的样式预览，如图 6-39 所示。

图 6-38 【新建 Excel 数据链接】对话框　　　　图 6-39 【选择数据链接】对话框

5）单击【确定】按钮，返回【插入表格】对话框，单击【确定】按钮，即可完成 Excel 表格的插入，结果如图 6-40 所示。

6）在绘制过程中，如果门窗数量发生变化，需要更改"门窗表"数据，可以在 Excel 表格中修改数据，在图形文件中更新表格数据链接，也可以直接在图形文件中修改数据，再将数据链接写入外部源。

	A	B	C	D	E
1		土方测算	场地平整\基础挖土及外运\基础回填土		
2	序号	内容	测算单价含利润税金	单位	备注
3	1	场地平整	14.00	元/平方	一类取费测算
4	2	挖土及外运2000米内	12.70	元/平方	
5	3	出场费2次	0.13	元/平方	挖一次回一次
6	4	土方回填	2.00	元/平方	已折入总面积
7	5	不可预见10%	2.88	元/平方	
8	6	合计	31.71	元/平方	

图 6-40 工程量表

在默认情况下，数据链接将会被锁定而无法编辑，从而防止对链接的电子表格进行不必要的更改。用户可以锁定单元从而防止更改数据或格式。要解锁数据链接，在功能区的【表格单元】选项卡的【单元格式】面板中单击【单元锁定】按钮 即可。

6.4.4　编辑表格

表格创建完成后，单击该表格上的任意网格线以选中该表格，然后通过使用【特性】选项板或表格夹点功能对该表格进行编辑，也可利用【表格单元】选项卡中的功能面板来编辑表格。对表格进行编辑的方法如下：

● 利用表格夹点功能进行编辑。
● 选中表格对象并单击右键，从弹出的快捷菜单中选择【特性】命令，在打开的【特性】选项板中对表格进行编辑。
● 选中表格单元，在功能区【表格单元】选项卡中进行编辑。

编辑表格操作步骤如下。

（1）利用夹点功能编辑表格

单击表格的网格线以选中表格，此时在表格的四周、标题行上将显示夹点，可以通过拖动这些夹点来更改表格的高度或宽度。

在单元内单击可以选中一个单元；按下 Shift 键不放，并在另一个单元内单击则可以同时选中这两个单元以及它们之间的所有单元；在选定单元内按住左键并拖动到要选择的单元，然后释放左键则可以同时选中多个单元。

用户还可以使用"自动填充"夹点，在表格内的相邻单元中自动增加数据。如果选定并拖动一个单元，则以 1 为增量自动填充数字；如果表格内容为字符，则自动复制填充该内容；如果选定并拖动多个单元，则自动填充等差数列；如果单元内容为日期，则以 1 为增量自动填充日期，如图 6-41 所示。

（2）利用【表格单元】选项卡编辑表格

选中表格单元后，将会显示如图 6-42 所示的【表格单元】选项卡。在此，可以利用各功能面板完成以下操作：编辑行和列；合并或取消合并单元；改变单元边框的外观；编辑数据格式和对齐方式；锁定或解锁单元；插入块、字段和公式；创建和编辑单元样式；将表格链接至外部数据。另外，用户也可以在选择表格单元后单击右键，然后从快捷菜单中选择插入或删除列和行、合并相邻单元或进行其他修改。

	A	B	C	D
1				
2	1	2	表格	2011/7/15
3	2	4	表格	2011/7/16
4	3	6	表格	2011/7/17
5	4	8	表格	2011/7/18
6	5	10	表格	2011/7/19

图 6-41　夹点自动填充

图 6-42 【表格单元】选项卡

（3）利用【特性】选项板编辑表格

单击表格的网格线以选中表格，在弹出的【特性】选项板中将会列出其【表格】特性和【表格打断】特性，如图 6-43 所示。要编辑表格的单元特性，首先需选中表格单元，在弹出的【特性】选项板中将会列出其【单元】特性和【内容】特性，可以在此选定某项特性值进行修改，如图 6-44 所示。

图 6-43 表格特性

图 6-44 表格单元特性

实训 6

1. 添加引线标注

运用本章所学的多重引线标注功能为图形创建引线标注，具体的操作步骤如下。

1）启动 AutoCAD 2012，新建一个图形文件，将工作空间选定为"草图与注释"。

2）利用基本绘图命令绘制如图 6-45 所示的零件图。

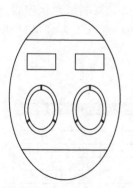

图 6-45 绘制零件图

3）在功能区【常用】选项卡的【注释】面板中单击【多重引线样式】按钮，打开【多重引线样式管理器】对话框，单击【新建】按钮，新建一个名为"引线标注"的标注样式，单击【继续】按钮，打开【修改多重引线样式】对话框，【引线格式】选项卡中的设置如图 6-46（a）所示，【引线结构】选项卡中的设置如图 6-46（b）所示。

4）在功能区【常用】选项卡的【注释】面板中单击【引线】按钮，为图形添加引线标注，如图 6-47 所示。

5）在功能区【常用】选项卡的【注释】面板中单击【对齐】按钮，将添加的多重引线对象对齐，并将引线线段设为平行，结果如图 6-48 所示。

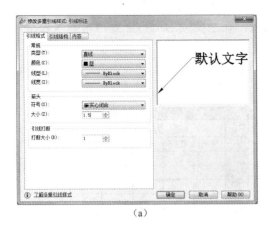
(a)

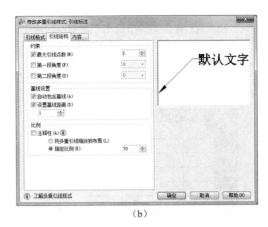
(b)

图 6-46　设置引线样式

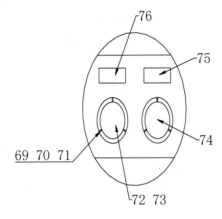

图 6-47　添加引线标注

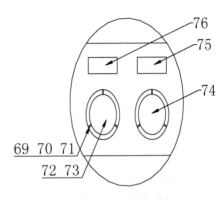

图 6-48　引线对齐

2．绘制齿轮规格表

运用本章所学的表格功能创建一个齿轮规格表，具体的操作步骤如下。

1）启动 AutoCAD 2012，新建一个图形文件，将工作空间选定为"草图与注释"。

2）在功能区【常用】选项卡的【注释】面板中单击【表格】按钮 ⊞ 表格，在打开的【插入表格】对话框中进行相应设置，创建一个 6 列、5 行的表格，如图 6-49 所示。

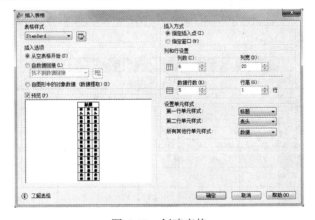

图 6-49　创建表格

3）完成表格参数设置后，单击【确定】按钮，在绘图区的适当位置单击插入表格，如图 6-50 所示。

4）输入表头文字。"序号"列的数字可利用"自动填充"夹点功能，在表格内的相应单元中自动填充数据。结果如图 6-51 所示。

	A	B	C	D	E	F
1						
2						
3						
4						
5						
6						
7						

图 6-50　插入表格

	A	B	C	D	E	F
1			齿轮规格表			
2	序号	代码	模数	齿数	齿顶	内孔
3	1					
4	2					
5	3					
6	4					
7	5					

图 6-51　填写表头和"序号"列

5）依次选中其他表格单元，完成齿轮规格表的数据输入，如图 6-52 所示。

6）选中表格单元，在功能区【表格单元】选项卡中，单击【单元样式】面板中的【对齐方式】按钮，选择【正中】方式 ；然后单击【单元格式】面板中的【数据格式】按钮 ，选择【自定义表格单元格式】选项，在打开的【表格单元格式】对话框中，将【数据类型】设为小数，将【格式】设为小数，【精度】设为 0.00，如图 6-53 所示。

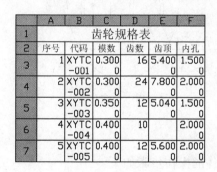

图 6-52　输入表格数据

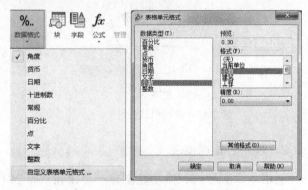

图 6-53　自定义表格单元格式

7）完成表格设置后，利用【特性】选项板和表格的夹点功能将各单元的高度和宽度进行适当调整，并将文字字体设为"宋体"。

8）完成齿轮规格表的绘制，结果如图 6-54 所示，将文件保存至指定位置，文件名为"齿轮规格表"。

	A	B	C	D	E	F
1			齿轮规格表			
2	序号	代码	模数	齿数	齿顶	内孔
3	1	XYTC-001	0.30	16.00	5.40	1.50
4	2	XYTC-002	0.30	24.00	7.80	2.00
5	3	XYTC-003	0.35	12.00	5.04	1.50
6	4	XYTC-004	0.40	10.00		2.00
7	5	XYTC-005	0.40	12.00	5.60	2.00

图 6-54　齿轮规格表

练习题 6

1. 如何创建多重引线对象，它包含哪些组成部分？

2. 文字和表格对象的夹点分别有哪些？它们的作用是什么？

3. 利用本章所学内容，绘制如图 6-55 所示的梁断面图并利用多重引线工具进行标注。注意引线标注的对齐设置。

图 6-55　标注梁断面

4. 利用本章所学内容，绘制如图 6-56 所示的墙体配筋表。

	A	B	C	D	E	F
1	墙体配筋表					
2	编号	标高	墙厚	水平分布筋	垂直分布筋	拉筋
3	Q1	−1.500~18.45	300	∅12@200	∅12@200	∅8@300
4	Q2	−0.030~12.45	250	∅12@250	∅12@250	∅8@300

图 6-56　墙体配筋表

第7章 尺寸标注

在图形设计中，尺寸标注是绘图工作中必不可少的部分，因为绘制图形的根本目的是反映对象的形状，而图形中各个对象的真实大小和相互位置只有经过尺寸标注后才能确定，所以在绘图过程中必须准确、完整地标注尺寸。AutoCAD 2012 提供了一套完整的尺寸标注命令和实用程序，可以使用户方便地进行图形尺寸的标注。

7.1 尺寸标注的基本知识

绘图只能反映产品的形状和结构，其真实大小和位置关系必须通过尺寸标注来完成。设计图纸上的尺寸标注是施工的重要依据，标注中的细微错误可能造成很大的风险和损失。要熟练掌握尺寸标注，首先要了解尺寸标注的规范、组成元素、标注的类型等基本知识。

7.1.1 尺寸标注的要求

使用 AutoCAD 2012 绘制工程图，在对绘制的图形进行尺寸标注时应遵循以下规则。

① 物体的实际大小应以图样中所标注的尺寸值为依据，与图形大小及绘图的准确度无关。

② 工程图中的尺寸一般以毫米为单位，不需要标注计量单位的名称。如果采用其他的单位，则必须注明相应计量单位的名称，如厘米、米等。

③ 工程图中的每一个尺寸均应标注在最能清晰地反映该构件特征的部位，并且图形对象的每一个尺寸只能标注一次，不可重复。

④ 尺寸标注应做到清晰、齐全且没有遗漏。

7.1.2 尺寸标注的组成元素

用户在 AutoCAD 2012 中进行尺寸标注时，必须先了解尺寸标注的组成，标注样式的创建和设置方法。在工程制图中，一个完整的标注应包含以下元素：标注文字、尺寸线、起止符号和尺寸界线，如图 7-1 所示。

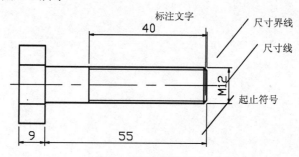

图7-1　尺寸标注组成

① 尺寸界线应采用细实线绘制，也称为投影线，从部件延伸到尺寸线。尺寸界线一般应与被标注长度垂直，其一端离开图形轮廓线的距离不小于2mm，另一端宜超出尺寸线2～

3mm。必要时，图形轮廓线也可作为尺寸界线。

② 尺寸线应采用细实线绘制，应与被标注长度平行，用于指示标注的方向和范围。对于角度标注，尺寸线是一段圆弧。需要注意的是，图形本身的任何图线均不得用做尺寸线。

③ 尺寸数字应写在尺寸线的中部，水平方向尺寸应从左向右标在尺寸线的上方，垂直方向的尺寸应从下向上标在尺寸线的左方，字头朝向应逆时针转90°角。

④ 图形中的尺寸以尺寸数字为准，不得从图中直接量取。图样上的尺寸单位，除标高及总平面图以米为单位外，其他必须以毫米为单位。图上尺寸数字不再注写单位。

⑤ 相互平行的尺寸线，较小的尺寸在内，较大的尺寸在外，两道平行排列的尺寸线之间的距离宜为 7～10mm，并应保持一致。

7.1.3 尺寸标注的类型

AutoCAD 2012 提供了多种标注工具，用以标注图形对象，用户可以根据需要在【标注】菜单或【标注】工具栏中选择相应的标注工具。另外，单击【注释】面板中的【线型】按钮后的下拉按钮，在弹出的下拉列表中也列出了多种常用的标注工具。如图 7-2 所示分别为【标注】菜单、【注释】面板中的标注工具，以及【标注】工具栏。

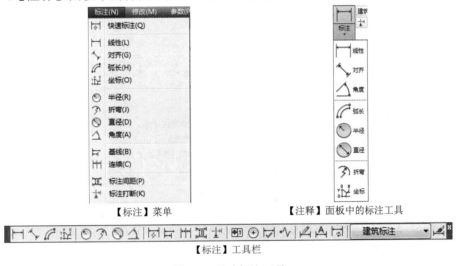

图 7-2　尺寸标注工具

用户可以通过上述三种方式方便地调用相应的标注工具对角度、直径、半径、线性、对齐、连续、圆心及基线等进行标注，如图 7-3 所示。用户可以为各种图形对象沿各个方向创建标注。线性标注可以是水平、垂直、对齐、旋转、基线或连续的方式。

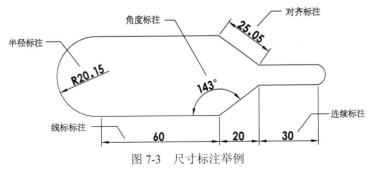

图 7-3　尺寸标注举例

7.1.4　关联标注

标注可以是关联的、无关联的或分解的。关联标注将根据所测量的图形对象的变化而调整。标注的关联性定义了图形对象与其标注间的关系。图形对象和标注之间有三种关联性。

关联标注：当与其关联的图形对象被修改时，关联标注将自动调整其位置、方向和测量值。布局中的标注可以与模型空间中的对象相关联。此时系统变量DIMASSOC设置为2。

无关联标注：在其测量的图形对象被修改时不发生改变。此时系统变量 DIMASSOC 设置为1。

分解的标注：包含单个对象而不是单个对象的集合。系统变量 DIMASSOC 设置为0。

在【选项】对话框的【用户系统配置】选项卡中，启用或禁用【关联标注】栏中的【使新标注可关联】复选框，即可选择是否使用关联标注，如图 7-4 所示。

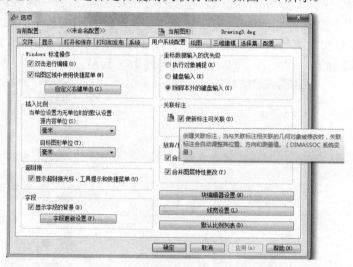

图 7-4　启用或禁用关联标注

虽然关联标注支持大多数希望标注的对象类型，但是它并不支持图案填充、多线对象、二维实体、非零厚度的对象。

7.2　设置标注样式

使用标注样式可以控制尺寸标注的格式和外观，如箭头样式、文字位置和尺寸公差等。标注样式是标注设置的命名集合，为了便于使用、维护标注标准，可以将这些设置存储在标注样式中。用户可以创建标注样式，以快速指定标注的格式，并确保标注符合行业或项目标准。

在 AutoCAD 中，可以使用【标注样式管理器】对话框来创建和设置标注样式。创建标注样式的方法如下：

- 从菜单栏中选择【标注】→【标注样式】命令或【格式】→【标注样式】命令。
- 在功能区【常用】选项卡的【注释】面板中单击【标注样式】按钮。
- 在命令窗口中输入 DIMSTYLE 命令，按 Enter 键。

使用上述方法均可打开【标注样式管理器】对话框，如图 7-5 所示。

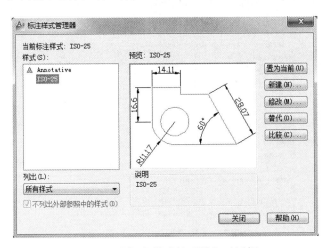

图 7-5 【标注样式管理器】对话框

在此对话框中，各项功能如下。

当前标注样式：显示当前标注样式的名称。如图所示的"建筑公制"为当前标注样式并将应用于所创建的标注。

【样式】：列出图形中的标注样式。当前样式被亮显。

【列出】：控制【样式】列表框中显示的样式。

【预览】和【说明】：预览【样式】列表框中选定的尺寸标注样式及其说明。

【置为当前】：将在【样式】列表框中选定的标注样式设置为当前标注样式。当前样式将应用于所创建的标注。

【新建】：单击该按钮，打开【创建新标注样式】对话框，在此可以定义新的标注样式，如图 7-6 所示。

图 7-6 【创建新标注样式】对话框

【修改】：单击该按钮，打开【修改标注样式】对话框，在此可以修改标注样式。该对话框中的选项与【新建标注样式】对话框（如图 7-7 所示）中的选项相同。

【替代】：单击该按钮，打开【替代当前样式】对话框，在此可以设置标注样式的临时替代样式。该对话框中的选项与【新建标注样式】对话框中的选项相同。

【比较】：单击该按钮，打开【比较标注样式】对话框，在此可以比较两个标注样式或列出一个标注样式的所有特性。

通过创建新的标注样式，可以对尺寸标注的要素进行设置，以满足不同的需求。

按照上述方法打开【标注样式管理器】对话框，单击【新建】按钮 [新建(N)...]，打开如图 7-6 所示的【创建新标注样式】对话框。在此输入要创建的样式名，在【基础样式】下拉列表中选择要参照的标注样式，在【用于】下拉列表中选择该样式的应用范围。设置完成后单击【继续】按钮，将会打开如图 7-7 所示的【新建标注样式】对话框，可以在此根据所需样式进行详细的参数设置。

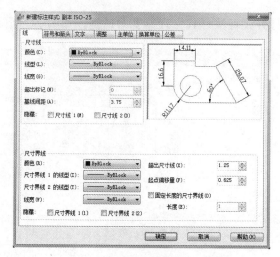

图 7-7　【新建标注样式】对话框

1.【线】选项卡的设置

在【线】选项卡中可进行【尺寸线】和【尺寸界线】的设置，以控制其颜色、线型、线宽等参数。

（1）【尺寸线】栏

可以设置尺寸线的各项特性，如颜色、线型、线宽、超出标记、基线间距等。部分选项详细说明如下。

【超出标记】：当用户已指定箭头样式使用倾斜、建筑标记、积分和无标记时，尺寸线的"超出标记"被激活，这时可以设置超出距离，效果如图 7-8 所示。

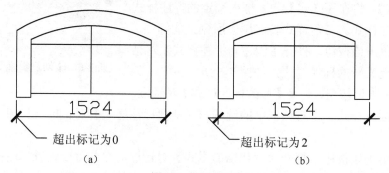

图 7-8　超出标记

【基线间距】：在使用"基线标注"时，设置连续尺寸线之间的间距，效果如图 7-9 所示。

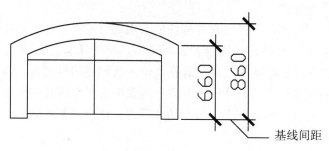

图 7-9　基线间距

【隐藏】：控制是否隐藏尺寸线，启用"尺寸线1"复选框将隐藏第一条尺寸线，启用"尺寸线2"复选框将隐藏第二条尺寸线，效果如图7-10所示。

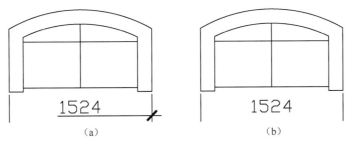

图7-10　隐藏尺寸线

（2）【尺寸界线】栏

可以控制尺寸界线的外观，包括颜色、线型、线宽、隐藏、超出尺寸线、起点偏移量等。部分选项详细说明如下。

【隐藏】：控制是否隐藏尺寸界线。包括"尺寸界线1"和"尺寸界线2"两个复选框，其作用是分别消隐"尺寸界线1"和"尺寸界线2"。当在图形内部标注尺寸时，可选择隐藏尺寸界线，效果如图7-11所示。

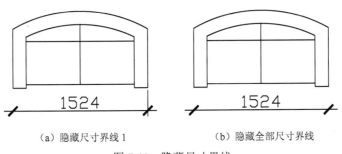

（a）隐藏尺寸界线1　　　　　　　　　（b）隐藏全部尺寸界线

图7-11　隐藏尺寸界线

【超出尺寸线】：用于指定尺寸界线超出尺寸线的长度，制图标准规定该值为2～3mm，如图7-12所示。

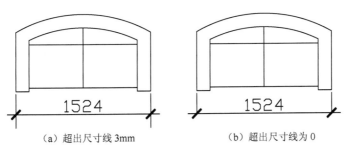

（a）超出尺寸线3mm　　　　　　　　　（b）超出尺寸线为0

图7-12　超出尺寸线

【起点偏移量】：用于控制尺寸界线原点的偏移长度，即尺寸界线原点和尺寸界线起点之间的距离，如图7-13所示。

2.【符号和箭头】选项卡的设置

【符号和箭头】选项卡如图7-14所示，部分选项说明如下。

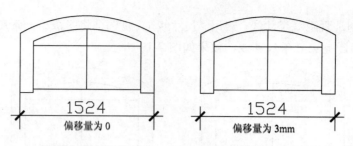

图 7-13　起点偏移量

【箭头】：控制标注箭头的样式。当改变第一个箭头的类型时，第二个箭头将自动改变，同第一个箭头相匹配。若要另外指定用户自定义的箭头图块，则可以选择【用户箭头】选项，程序将会打开【选择自定义箭头块】对话框，从下拉列表中选择用户定义的箭头图块即可，如图 7-15 所示。【引线】下拉列表中列出了执行引线标注方式时，引线端点起止符号的样式，用户可以从中选取所需形式。【箭头大小】框用于设置尺寸起止符号的大小。例如，箭头的长度、45°斜线的长度、圆点的大小等，按照制图标准一般应设为 3～4mm。

图 7-14　【符号和箭头】选项卡　　　　图 7-15　【选择自定义箭头块】对话框

【圆心标记】：控制直径、半径标注的圆心标记和中心线的样式。

【弧长符号】：控制弧长标注中圆弧符号的显示。

【半径标注折弯】：控制半径折弯（Z 字形）标注的显示。半径折弯标注通常在中心点位于页面外部时创建。折弯角度即是用于连接半径标注的尺寸界线和尺寸线的横向直线的角度。

3.【文字】选项卡的设置

在【文字】选项卡中，可以控制标注文字的外观、位置和方式，如图 7-16 所示。

（1）【文字外观】栏

设置文字样式、文字颜色、填充颜色、文字高度等。

【文字样式】：从下拉列表中选择当前标注文字的样式。要创建或修改标注文字样式，单击下拉列表旁边的按钮，打开【文字样式】对话框，可以在其中定义或修改文字样式。

【文字颜色】：从下拉列表中选择标注文字的颜色。如果选择【选择颜色】项，将显示【选择颜色】对话框。也可以输入颜色名或颜色号。

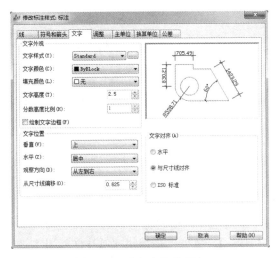

图 7-16　【文字】选项卡

【填充颜色】：从下拉列表中选择标注文字的背景颜色。如果选择【选择颜色】项，将打开【选择颜色】对话框，用户可以选择【索引颜色】、【真彩色】、【配色系统】三种方式设置颜色。如图 7-17 所示。

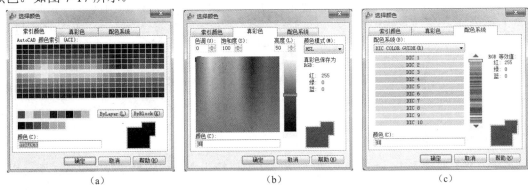

（a）　　　　　　　　　　（b）　　　　　　　　　　（c）

图 7-17　【选择颜色】对话框

【文字高度】：设置当前标注文字的高度。在文本框中输入数值，如果在文字样式中将文字高度设置为固定值（即文字样式高度大于 0），则该高度将替代此处设置的文字高度。要使用此项，需要确保文字样式中文字高度的设置为 0。在建筑制图中，习惯上将标注文字高度设为 3-5mm。

（2）【文字位置】栏

设置垂直、水平、观察方向、从尺寸线偏移等项，用以控制标注文字相对于尺寸线的垂直和水平位置及距离。

【垂直】：控制标注文字相对于尺寸线的垂直位置。选项包括：居中、上方、下方、外部、JIS。【居中】，将标注文字放在尺寸线的中间；【上方】，将标注文字放在尺寸线上方；【下方】，将标注文字放在尺寸线下方；【外部】，将标注文字放在尺寸线上远离第一个定义点的一边。部分选项效果如图 7-18 所示。

【水平】：控制标注文字在尺寸线上相对于尺寸界线的水平位置。选项包括：居中、第一条尺寸界线、第二条尺寸界线、第一条尺寸界线上方和第二条尺寸界线之上。部分选项效果示例如图 7-19 所示。

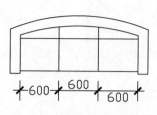

图 7-18　文字垂直位置示例

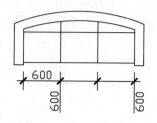

图 7-19　文字水平位置示例

【从尺寸线偏移】：设置尺寸文字放在尺寸线上方时，尺寸数字底部与尺寸线之间的间隙。部分选项效果如图 7-20 所示。

（3）【文字对齐】栏

不论文字在尺寸线之内还是之外，用户都可以选择文字与尺寸线是否对齐或保持水平状态。默认文字对齐方式是【水平】。另外，还提供了【ISO 标准】选项：当文字在尺寸界线内时，文字与尺寸线对齐；当文字在尺寸界线外时，文字水平排列。各选项效果如图 7-21 所示。

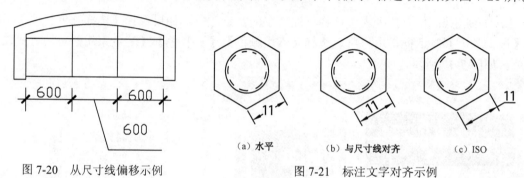

图 7-20　从尺寸线偏移示例

图 7-21　标注文字对齐示例

4.【调整】选项卡的设置

在【调整】选项卡中，用户可以控制标注文字、箭头、引线和尺寸线的位置关系，以及设置标注特征比例等，如图 7-22 所示。

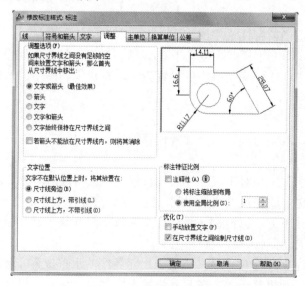

图 7-22　【调整】选项卡

【调整选项】：控制延伸线之间可用空间的文字和箭头的位置。如果尺寸界线之间有足够大的空间，文字和箭头都将放在延伸线内；否则，将按照【调整选项】放置文字和箭头。

【文字位置】：设置标注文字不在默认位置（由标注样式定义的位置）上时的位置。若选中【尺寸线旁边】项，则移动标注文字时，尺寸线会随之移动。若选中【尺寸线上方，带引线】项，则移动文字时，尺寸线将不会移动。如果将文字从尺寸线上移开，将创建一条连接文字和尺寸线的引线；当文字非常靠近尺寸线时，将省略引线。若选中【尺寸线上方，不带引线】项，则移动文字时，尺寸线不会移动，且远离尺寸线的文字不与带引线的尺寸线相连。

【标注特性比例】：设置全局标注比例或图纸空间比例。用户可以根据当前模型空间视口和图纸空间之间的比例确定比例因子，也可以为所有标注样式设置一个比例，这些设置指定了标注样式的大小、距离或间距，包括文字和箭头大小，该缩放比例并不更改标注的测量值。如图 7-23 所示分别为全局比例因子为 0.5、1 和 2 的情况。

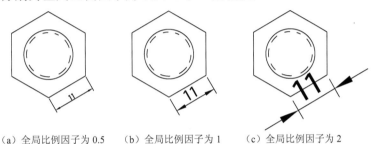

(a) 全局比例因子为 0.5　　(b) 全局比例因子为 1　　(c) 全局比例因子为 2

图 7-23　使用全局比例因子示例

5.【主单位】选项卡的设置

【主单位】选项卡可以用来设置主单位的格式与精度，以及给标注文字添加前缀和后缀。如图 7-24 所示。

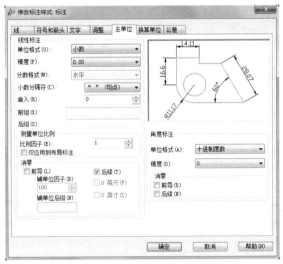

图 7-24　【主单位】选项卡

【线性标注】：设置线性标注的单位格式、精度、分数格式、小数分隔符、舍入、前缀、后缀等。

【角度标注】：设置角度标注的单位、精度以及是否消零等。

6.【换算单位】选项卡的设置

使用【换算单位】选项卡可以指定标注测量值中换算单位的显示并设置其格式和精度，如图 7-25 所示。

【换算单位】：控制显示和设置除角度之外的所有标注类型的当前换算单位格式以及标注文字中换算单位的位置。

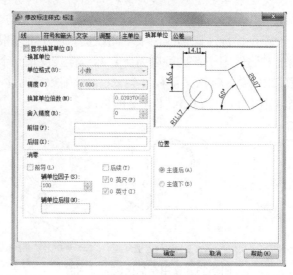

图 7-25　【换算单位】选项卡

7.【公差】选项卡的设置

使用【公差】选项卡可以控制标注文字中公差的格式及显示，如图 7-26 所示。

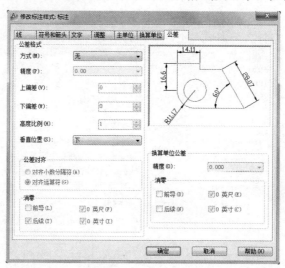

图 7-26　【公差】选项卡

【公差格式】：设置公差的格式。例如，在【方式】下拉列表中选择【无】项，表示不添加公差；选择【对称】项，将会添加公差的正/负表达式，其中一个偏差量的值应用于标注测量值，标注后面将显示加号或减号，此时应在【上偏差】框中输入公差值；选择【极限偏差】

项，将会添加正/负公差表达式，不同的正公差和负公差值将应用于标注测量值，此时在【上偏差】框中输入的公差值前面显示正号（+），在【下偏差】框中输入的公差值前面显示负号（−）；选择【极限尺寸】项，将会创建极限标注，在此类标注中，将显示一个最大值和一个最小值，一个在上，另一个在下，其中最大值等于标注值加上在【上偏差】框中输入的值，最小值等于标注值减去在【下偏差】框中输入的值；选择【基本尺寸】项，将会创建基本标注，这将在整个标注范围周围显示一个框。另外，用户还可设置公差的对齐方式、消零和精度等。

7.3 常用尺寸标注

AutoCAD 2012 提供了线性标注、半径标注、角度标注、坐标标注、弧长标注等工具，还提供了对齐标注、连续标注、基线标注和引线标注等工具。

7.3.1 线性标注

线性标注用于测量并标记两点之间的连线在指定方向上的投影距离。线性标注可以水平、垂直或对齐放置。使用对齐标注时，尺寸线将平行于两尺寸界线原点之间的直线。基线标注和连续标注是一系列基于线性标注的连续标注方法。执行线性标注命令的方法如下：

- 从菜单栏中选择【标注】→【线性】命令。
- 在功能区【常用】选项卡的【注释】面板中选择【线性】工具 线性。
- 在命令窗口中输入 DIMLINEAR 命令，按 Enter 键。

利用线性标注工具为图形标注尺寸，命令行提示如下：

命令：_dimlinear（执行线性标注命令）

指定第一条延伸线原点或 <选择对象>：（单击尺寸标注起点）

指定第二条延伸线原点：（单击尺寸标注终点）

指定尺寸线位置或[多行文字(M)/文字(T)/角度(A)/水平(H)/垂直(V)/旋转(R)]：（按住左键拖拽尺寸标注到合适的位置后，释放左键）

标注文字 = 760

命令：

DIMLINEAR（单击回车键以重复命令）

指定第一条延伸线原点或 <选择对象>：

指定第二条延伸线原点：

指定尺寸线位置或[多行文字(M)/文字(T)/角度(A)/水平(H)/垂直(V)/旋转(R)]：

标注文字 = 900

命令执行完毕，结果如图 7-27 所示。

7.3.2 半径标注

半径标注使用可选的中心线或中心标记来测量圆弧和圆的半

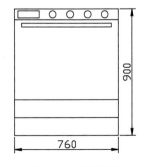

图 7-27 线性标注

径。半径标注生成的尺寸标注文字以 R 引导，表示半径尺寸。圆形或圆弧的圆心标记可自动绘出。创建直径标注的方法与半径标注基本相同，生成的标注文字以φ引导，表示直径尺寸。执行半径标注命令的方法有以下几种。

- 从菜单栏中选择【标注】→【半径】命令。
- 在功能区【常用】选项卡的【注释】面板中选择【半径】工具 ⊙ 半径 ▾ 。
- 在命令窗口中输入 DIMRADIUS 命令，按 Enter 键。

利用半径标注工具为图形标注尺寸，命令行提示如下：

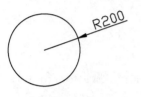

图 7-28　半径标注

命令: _dimradius（执行半径标注命令）
选择圆弧或圆:（单击所要标注半径的圆弧）
标注文字 = 200
指定尺寸线位置或 [多行文字(M)/文字(T)/角度(A)]:（指定半径标注的位置）
命令执行完毕，结果如图 7-28 所示。

7.3.3　角度标注

角度标注工具用于测量和标记角度值。角度标注测量两条直线或三个点之间的角度。要测量圆的两条半径之间的角度，可以选择此圆，然后指定角度端点。对于其他对象，需要先选择对象然后指定标注位置。还可以通过指定角度顶点和端点来标注角度。创建标注时，可以在指定尺寸线位置之前修改文字内容和对齐方式。执行角度标注命令的方法如下：

- 从菜单栏中选择【标注】→【角度】命令。
- 在功能区【常用】选项卡的【注释】面板中选择【角度】工具 △ 角度 ▾ 。
- 在命令窗口中输入 DIMANGULAR 命令，按 Enter 键。

利用角度标注工具为图形标注角度，命令行提示如下：

命令: _dimangular（执行角度标注命令）
选择圆弧、圆、直线或 <指定顶点>:（选定组成角度的第一条直线）
选择第二条直线:（再选定组成角度的另一条直线）
指定标注弧线位置或 [多行文字(M)/文字(T)/角度(A)/象限点(Q)]:（按住左键拖动鼠标，指定标注位置）
标注文字 = 140.00

命令执行完毕，结果如图 7-29 所示。

说明： 如果选择两条非平行直线，则测量并标记直线之间的角度；如果选择圆弧，则测量并标记圆弧所包含的圆心角；如果选择圆，则以圆心作为角的顶点，测量并标记所选的第一个点和第二个点之间包含的圆心角；如果选择指定顶点，则需要分别指定角点、第一端点和第二端点来测量并标记该角度值。

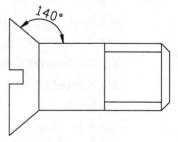

图 7-29　角度标注

7.3.4　弧长标注

弧长标注用于测量圆弧或多段线弧线段上的距离。在默认情况下，弧长标注将显示一个圆弧符号，显示在标注文字的上方或前方。用户可以使用【标注样式管理器】指定位置样式。
执行弧长标注命令的方法如下：

- 从菜单栏中选择【标注】→【弧长】命令。
- 在功能区【常用】选项卡的【注释】面板中选择【弧长】工具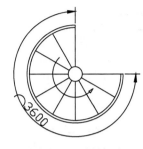。
- 在命令窗口中输入 DIMARC 命令，按 Enter 键。

利用弧长标注工具为图形标注尺寸，命令行提示如下：

命令: _dimarc（执行弧长标注命令）

选择弧线段或多段线圆弧段:（单击要标注的弧线）

指定弧长标注位置或 [多行文字(M)/文字(T)/角度(A)/部分(P)/
引线(L)]:（拖拽鼠标，并按 Enter 键完成）

标注文字 = 1519

命令执行完毕，结果如图 7-30 所示。

图 7-30　弧长标注

7.3.5　基线标注

基线标注以前一个标注的第一条尺寸界线为基准，自同一基线处测量并标注的多个线性尺寸，每条新尺寸线都会自动偏移一个距离以避免重叠。在创建基线标注之前，必须创建线性、对齐或角度标注。可以从当前任务最近创建的标注中以增量方式创建基线标注。另外，需要注意的是，只有线性、坐标或角度关联尺寸标注才可进行基线标注。执行基线标注命令的方法如下：

- 从菜单栏中选择【标注】→【基线】命令。
- 从【标注】工具栏中单击【基线】按钮。
- 在命令窗口中输入 DIMBASELINE 命令，按 Enter 键。

利用基线标注工具为图形标注细部尺寸，命令行提示如下：

命令: _dimlinear（先用线性标注命令标出第一道尺寸）

指定第一条尺寸界线原点或 <选择对象>:（指定第一个标注点）

指定第二条尺寸界线原点:（指定第二个标注点）

指定尺寸线位置或[多行文字(M)/文字(T)/角度(A)/水平(H)/垂直(V)/旋转(R)]:（按住左键拖动鼠标，指定标注位置）

标注文字 = 8

命令: _dimbaseline（使用基线标注命令，依次完成其他标注内容）

指定第二条尺寸界线原点或 [放弃(U)/选择(S)] <选择>:（指定下一个标注点）

标注文字 =28

指定第二条尺寸界线原点或 [放弃(U)/选择(S)] <选择>:（指定下一个标注点）

标注文字 = 45

指定第二条尺寸界线原点或 [放弃(U)/选择(S)] <选择>:（指定下一个标注点）

标注文字 = 48

指定第二条尺寸界线原点或 [放弃(U)/选择(S)] <选择>:（按 Enter 键完成连续标注）

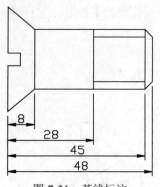

图 7-31 基线标注

命令执行完毕，结果如图 7-31 所示。

7.3.6　连续标注

连续标注以前面一个标注的第二条尺寸界线为基准，连续标注多个线性尺寸。执行连续标注命令的方法如下：

- 从菜单栏中选择【标注】→【连续】命令。
- 从【标注】工具栏中单击【连续】按钮。
- 在命令窗口中输入 DIMCONTINUE 命令，按 Enter 键。

利用连续标注工具为图形标注尺寸，命令行提示如下：

命令：_dimcontinue（执行连续标注命令）

选择连续标注：（选择要连续标注的起始标注对象，如图 7-32（a）所示）

指定第二条尺寸界线原点或 [放弃(U)/选择(S)] <选择>：（指定下一个标注点）

标注文字 = 1500

指定第二条尺寸界线原点或 [放弃(U)/选择(S)] <选择>：（指定下一个标注点）

标注文字 = 1050

指定第二条尺寸界线原点或 [放弃(U)/选择(S)] <选择>：（按 Enter 键完成连续标注）

命令执行完毕，结果如图 7-32（b）所示。

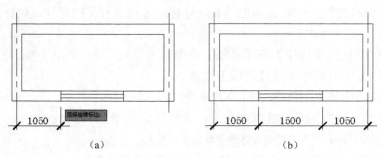

图 7-32　连续标注

该命令的用法与基线标注类似，区别之处在于：连续标注从前一个尺寸的第二条尺寸界线开始标注而不是固定于第一条界线；此外，各个标注的尺寸线将处于同一直线上，而不会自动偏移。

7.3.7　坐标标注

坐标标注测量从原点（称为基准）到特征点（例如图形上的一个角点）的直线距离。这种标注可保持特征点与基准点的精确偏移量，从而避免增大误差。坐标标注由 X 或 Y 值和引线组成。X 基准坐标标注沿 X 轴测量特征点与基准点的距离，Y 基准坐标标注沿 Y 轴测量距离。执行坐标标注命令的方法如下：

- 从菜单栏中选择【标注】→【坐标】命令。
- 在功能区【常用】选项卡的【注释】面板中选择【坐标】工具 坐标。
- 在命令窗口中输入 DIMORDINATE 命令，按 Enter 键。

利用坐标标注工具为图形标注定位点坐标，命令行提示如下：

命令：_dimordinate（执行坐标标注命令）

指定点坐标：（单击要标注的图形左下角点）

指定引线端点或 [X 基准(X)/Y 基准(Y)/多行文字(M)/文字(T)/角度(A)]：（指定标注位置）

标注文字 = 0（左下角点的 X 坐标）

命令：

DIMORDINATE（重复坐标标注命令）

指定点坐标：（单击要标注的图形左下角点）

指定引线端点或 [X 基准(X)/Y 基准(Y)/多行文字(M)/文字(T)/角度(A)]：（指定标注位置）

标注文字 = 0（左下角点的 Y 坐标）

命令：

DIMORDINATE（重复坐标标注命令）

指定点坐标：（单击要标注的图形右上角点）

指定引线端点或 [X 基准(X)/Y 基准(Y)/多行文字(M)/文字(T)/角度(A)]：（指定标注位置）

标注文字 = 8000（右上角点的 X 坐标）

命令：

DIMORDINATE（重复坐标标注命令）

指定点坐标：（单击要标注的图形右上角点）

指定引线端点或 [X 基准(X)/Y 基准(Y)/多行文字(M)/文字(T)/角度(A)]：（指定标注位置）

标注文字 = 4000（右上角点的 Y 坐标）

命令执行完毕，结果如图 7-33 所示。

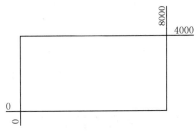

图 7-33　坐标标注

注意：由当前 UCS 的位置和方向确定坐标值。在创建坐标标注之前，通常要设置 UCS 原点以与基准相符。在用户指定特征位置后，程序将提示指定引线端点。在默认情况下，指定的引线端点将自动确定是创建 X 基准坐标标注还是 Y 基准坐标标注。创建坐标标注后，用户还可以使用夹点编辑轻松地重新定位标注引线和文字。标注文字始终与坐标引线对齐。

7.3.8　对齐标注

使用对齐标注可以创建与指定位置或对象平行的标注。在对齐标注中，尺寸线平行于尺寸延伸线原点连成的直线。执行对齐标注命令的方法如下：

● 从菜单栏中选择【标注】→【对齐】命令。

● 在功能区【常用】选项卡的【注释】面板中选择【对齐】工具 ﹂对齐 。

● 在命令窗口中输入 DIMALIGNED 命令，按 Enter 键。

利用对齐标注工具为图形标注尺寸，命令行提示如下：

命令：_dimaligned（执行对齐标注命令）

指定第一条延伸线原点或 <选择对象>：（单击尺寸标注起点）

指定第二条延伸线原点：（单击尺寸标注终点）

指定尺寸线位置或[多行文字(M)/文字(T)/角度(A)]：（按住左键拖动尺寸标注到合适的位置后，

释放左键)

标注文字 = 40

命令执行完毕，结果如图 7-34 所示。

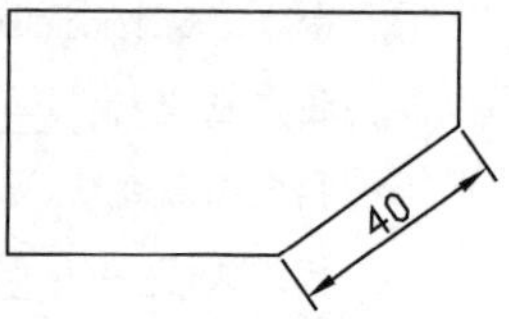

图 7-34　对齐标注

7.4　添加形位公差

使用公差工具可以为图形对象添加形位公差以表示特征的形状、轮廓、方向、位置和跳动的允许偏差。用户可以通过特征控制框来添加形位公差，这些框中包含单个标注的所有公差信息。

7.4.1　基本概念

形位公差包括形状公差和位置公差。形位公差标注由几何特征符号、可选直径符号、公差值、公差包容条件符号、基准包容条件符号、基准参考字母和引线组成，如图 7-35 所示。AutoCAD 2012 提供了 14 种形位公差特征符号，如图 7-36 所示。

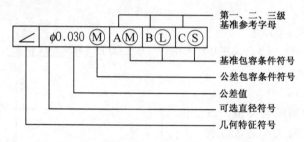

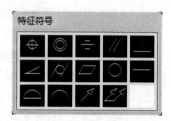

图 7-35　形位公差组成

图 7-36　形位公差特征符号

7.4.2　添加形位公差

使用 AutoCAD 2012 提供的形位公差工具，可以为图形添加形位公差标注。执行公差标注命令的方法如下：

- 从菜单栏中选择【标注】→【公差】命令。
- 在功能区【注释】选项卡的【标注】面板中选择【公差】工具。
- 从【标注】工具栏中单击【公差】按钮。
- 在命令窗口中输入 TOLERANCE 命令，按 Enter 键。

执行公差标注命令，系统将会打开【形位公差】对话框，如图 7-37 所示。用户可以在其中指定特征控制框的符号和数值，并指定公差标注位置。

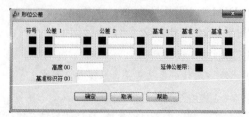

图 7-37　【形位公差】对话框

【符号】：单击该框将打开【特征符号】对话框，可以在其中选择需要的符号。

【公差 n】：建立形位公差控制结构中的第 n 个公差值，它包括两个调整符号，分别是直径和包容条件。公差值表示形位公差由理想尺寸与实际尺寸偏离的范围。

【基准 n】：建立形位公差结构中的主要基准参照值，它由一个数值和一个调整符号组成。

【高度】：在形位公差控制结构中建立延伸公差区域值。延伸公差区域值控制一个固定垂直的凸出部分，并以定位公差来精细化公差。

【延伸公差带】：插入延伸公差带符号。

【基准标识符】：在参考字母前由短横线组成的基准标识符号。

实训 7

1. 支架尺寸标注

运用本章所学内容，创建一个名为"尺寸标注"的标注样式。为支架示意图进行尺寸标注。在标注过程中，注意灵活运用多种标注方式以及尺寸标注对象的夹点功能。具体的操作步骤如下。

1）启动 AutoCAD 2012，新建一个图形文件，将工作空间设为"草图与注释"。

2）在功能区【常用】选项卡的【注释】面板中单击【标注样式】按钮，在打开的【标注样式管理器】中单击【新建】按钮，程序将会打开【创建新标注样式】对话框，创建名为"尺寸标注"的标注样式，单击【继续】按钮进行下一步设置。

3）选择【线】选项卡，【超出尺寸线】设为 2，【起点偏移量】设为 2。

4）选择【符号和箭头】选项卡，【箭头】设为"实心闭合"，【箭头大小】设为 2.5，其余采用默认值即可。

5）选择【文字】选项卡，【文字高度】设为 2.5，在【文字位置】栏中，【垂直】设为"上"，【水平】设为"居中"，【从尺寸线偏移】设为 1，其余为默认值即可。

6）选择【调整】选项卡，【标注特征比例】选项组中选择【使用全局比例】项，其值设为 1.5。

7）运用所学的基本绘图命令，绘制如图 7-38 所示的支架示意图。绘制图形时，注意灵活运用动态输入、对象捕捉、极轴追踪等功能提高绘图效率和准确性。

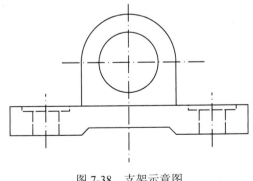

图 7-38　支架示意图

8）将"标注"图层置为当前，并将前面新建的名为"尺寸标注"的标注样式设置为当前的标注样式。在功能区【常用】选项卡的【注释】面板中选择【线性】工具 ⊢ 线性 ▾，标注图形的细部尺寸。在标注过程中，根据提示分别指定第一个尺寸界线原点和第二条尺寸界线，并指定适当的尺寸线位置，结果如图 7-39 所示。

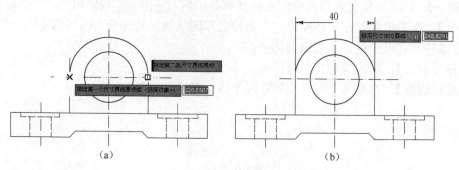

图 7-39   线性标注

9）重复上一步操作，完成图形的其他线性尺寸标注，如图 7-40 所示。

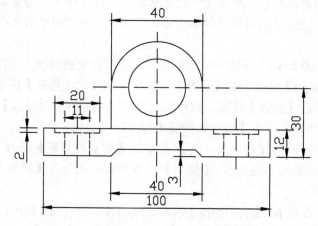

图 7-40   标注其他线性尺寸

10）在功能区【常用】选项卡的【注释】面板中选择【半径】工具 ◎ 半径 ▾，为图形中的圆弧对象标注半径，如图 7-41 所示。

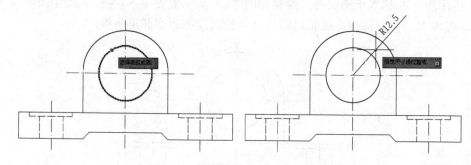

图 7-41   为圆弧对象标注半径

11）完成支架示意图的尺寸标注，结果如图 7-42 所示。最后，将图形文件保存至指定位置，文件名为"支架尺寸标注"。

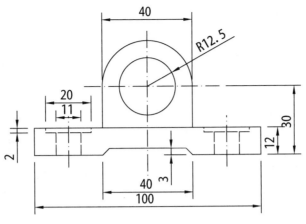

图 7-42　支架尺寸标注

2．欧式窗尺寸标注

运用本章所学内容，创建一个名为"尺寸标注"的标注样式。为欧式窗示意图进行尺寸标注。在标注过程中，注意灵活运用连续标注等方式以及尺寸标注对象的夹点功能。具体的操作步骤如下。

1）启动 AutoCAD 2012，新建一个图形文件，将工作空间设为"草图与注释"。

2）运用所学的基本绘图命令，绘制"欧式窗"示意图，如图 7-43 所示。

3）在功能区【常用】选项卡的【注释】面板中选择【标注样式】工具，创建一个名为"尺寸标注"的标注样式，单击【继续】按钮进行下一步设置。

4）选择【线】选项卡，【超出尺寸线】设为 100，【起点偏移量】设为 100。

5）选择【符号和箭头】选项卡，【箭头】设为"建筑标记"，【箭头大小】设为 80，其余采用默认值即可。

6）选择【文字】选项卡，【文字高度】设为 150，在【文字位置】栏中，【垂直】设为"上"【水平】设为"居中"，【从尺寸线偏移】设为 50，其余为默认值即可。

7）在功能区【常用】选项卡的【注释】面板中选择【线性】工具，标注图形竖向的第一条尺寸，如图 7-44 所示。

图 7-43　"欧式窗"示意图

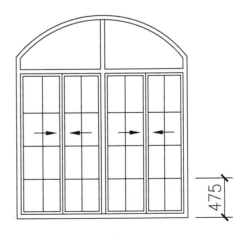

图 7-44　标注第一道尺寸

8）从菜单栏中依次选择【标注】→【连续】命令，标注图形竖向的其他尺寸，如图 7-45 所示。

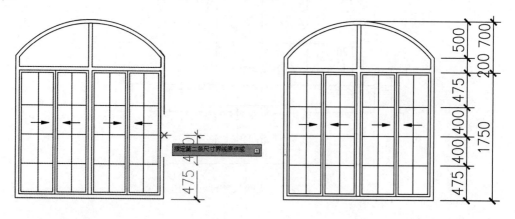

图 7-45 连续标注

9）重复上述操作，完成图形的尺寸标注，结果如图 7-46 所示。最后，将图形保存至指定位置，文件名为"欧式窗尺寸标注"。

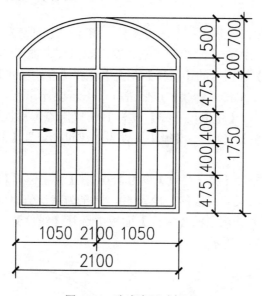

图 7-46 欧式窗尺寸标注

练习题 7

1. 绘制工程图时，对尺寸标注有哪些要求？
2. 尺寸标注由哪些元素组成？尺寸标注有哪些类型？
3. 连续标注与基线标注的区别是什么？
4. 利用本章所学内容创建一个名为"尺寸标注"的标注样式，并运用线性标注、半径标注、连续标注等工具，为如图 7-47 所示的图形标注尺寸。

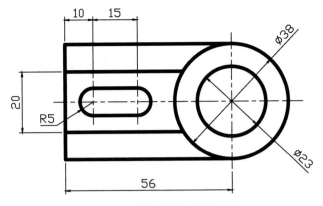

图 7-47　图形标注尺寸练习

5．利用本章所学内容创建一个名为"建筑标注"的标注样式，并运用线性标注、连续标注等工具，为如图 7-48 所示的房间平面图标注尺寸。

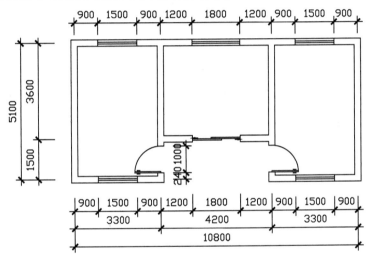

图 7-48　房间平面图标注尺寸练习

第8章 面域与图案填充

使用 AutoCAD 绘制或编辑图形的过程中，进行面域、图案填充是为了更好地表达图形部分或全部结构特征。其中，创建面域便于后续执行图案填充和着色等操作，还可分析面域的几何特性（如面积）和物理特性（如质心、惯性矩等）。面域对象支持布尔运算，用户可以通过差集（Subtract）、并集（Union）或交集（Intersect）来创建组合面域。

用户还可以使用图案以及选定的颜色来填充指定区域。例如，绘制物体的剖面或断面时，需要使用某种图案来填充指定的区域，这个过程叫做图案填充。

8.1 面域

面域（Region）是一种比较特殊的二维对象，是由封闭边界所形成的二维封闭区域。面域的边界是由端点相连的曲线组成的，曲线上的每个端点仅连接两条边。AutoCAD 不接受任何相交或自交的曲线。

8.1.1 创建面域

面域是使用形成闭合环的对象创建的具有物理特性（如质心）的二维闭合区域。环可以是直线、多段线、圆、圆弧、椭圆、椭圆弧和样条曲线的组合。需要注意的是，组成环的对象必须闭合或通过与其他对象共享端点而形成闭合的区域。可以将现有面域合并为单个复合面域来计算面积。创建面域的方法如下：

- 从菜单栏中选择【绘图】→【面域】命令。
- 在功能区【常用】选项卡的【绘图】面板中单击【面域】按钮◙。
- 在命令窗口中输入 REGION 命令，按 Enter 键。
- 在执行【边界】命令时，将【对象类型】选为"面域"，也可创建面域。

（1）利用【面域】工具创建面域

利用创建面域功能，可以将若干个区域合并到单个复杂区域中，以方便使用。例如，在绘制建筑规划图时，可以利用前面章节所述内容绘制出每幢房屋的基本轮廓，如图 8-1（a）所示，然后利用创建面域功能将每幢房屋创建为面域，结果如图 8-1（b）所示。

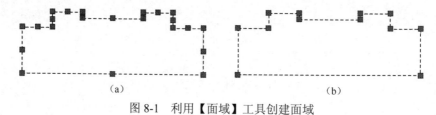

(a)   (b)

图 8-1　利用【面域】工具创建面域

（2）利用【边界】工具创建面域

如果是对象内部相交而构成的封闭区域，利用【面域】工具是无法将其转换为面域的。

此时就需要利用【边界】工具创建面域。执行【边界】命令后，系统将会打开如图 8-2（a）所示的【边界创建】对话框。在【边界保留】栏的【对象类型】下拉列表中选择【面域】项，并单击【新建】按钮，按下 Shift 键选取构成封闭区域的线段，然后按回车键，单击【边界集】栏中的【拾取点】按钮，指定封闭区域内部一点即可创建面域。结果如图 8-2（b）所示。

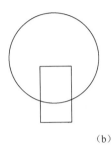
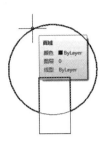

（a）   （b）

图 8-2　利用【边界】工具创建面域

8.1.2　面域的布尔运算

布尔运算是数学中的一种逻辑运算。使用该操作可以对实体和共面的面域进行添加、剪切或查找面域的交点操作来创建组合面域。形成这些更复杂的面域后，还可以应用填充或者分析它们的面积等特性。执行布尔运算的方法如下：

- 从菜单栏中执行【修改】→【实体编辑】→【并集】、【差集】或【交集】命令。
- 单击【建模】工具栏中的【并集】、【差集】或【交集】按钮 ◎ ◎ ◎。
- 在命令窗口中输入 UNION（并集）、SUBTRACT（差集）或 INTERSECT（交集）命令，按 Enter 键。

对面域执行布尔运算分为以下三种情况。

（1）面域求和

利用【并集】工具 ◎ 并集(U) 可以合并两个面域，即创建两个面域的和集，如图 8-3 所示。运算后的面域与合并前的面域位置没有任何关系。需要注意的是，需要合并的多个对象必须是创建好的独立面域。

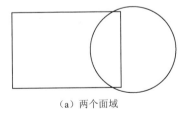
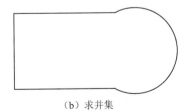

（a）两个面域   （b）求并集

图 8-3　利用【并集】工具创建复杂面域

（2）面域求差

利用【差集】工具 ◎ 差集(S) 创建复杂面域，即通过从一个选定的二维面域中减去一个现有的二维面域来创建复杂面域，如图 8-4 所示。可以对三维实体和曲面执行相同的操作。需要注意的是，在提示选择对象时，应先选择要保留的对象，按 Enter 键确认选择，然后选择要减去的对象。

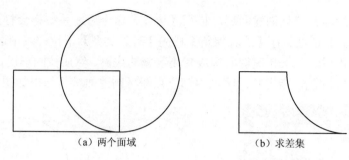

（a）两个面域   （b）求差集

图 8-4　利用【差集】工具创建复杂面域

（3）面域求交

利用【交集】工具 ⟨⟩ 交集(I) 创建复杂面域，即从两个或两个以上现有的三维实体、曲面或二维面域的公共部分创建复杂对象。通过拉伸二维轮廓后使它们相交，可以高效地创建复杂的模型，如图 8-5 所示。

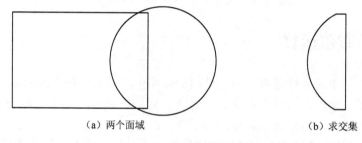

（a）两个面域   （b）求交集

图 8-5　利用【交集】工具创建复杂面域

8.1.3　面域的数据提取

用户可以使用查询工具，以获取由选定对象定义的距离、半径、角度、面积、体积、周长和质量特性（包括体积、面积、惯性矩、重心）等数据。可查询的对象主要包括圆、椭圆、多段线、多边形、面域和 AutoCAD 三维实体等，显示的信息取决于选定对象的类型。

- 从菜单栏中选择【工具】→【查询】，在弹出的级联子菜单中选择查询命令。
- 在功能区【常用】选项卡的【实用工具】面板中选择【测量】工具 。
- 单击【查询】工具栏中的【距离】、【面域/质量特性】、【列表】、【定位点】按钮 。
- 在命令窗口中输入 MEASUREGEOM 命令并选择相应的查询选项，按 Enter 键。
- 在命令窗口中输入 MASSPROP 命令并指定面域，按 Enter 键。

1）执行 MEASUREGEOM 命令，查询对象的几何信息

使用该命令可以获取指定对象的距离、半径、角度、面积、体积等数据信息，命令行提示如下：

命令：_measuregeom（执行查询命令）

输入选项 [距离(D)/半径(R)/角度(A)/面积(AR)/体积(V)] <距离>：_distance（选择查询内容为距离）

指定第一点：（通过鼠标单击，指定查询距离的起点）

指定第二个点或 [多个点(M)]：（通过鼠标单击，指定查询距离的端点）

距离 = 300.0000, XY 平面中的倾角 = 0, 　与 XY 平面的夹角 = 0

X 增量 = 300.0000, 　Y 增量 = 0.0000, 　Z 增量 = 0.0000

输入选项 [距离(D)/半径(R)/角度(A)/面积(AR)/体积(V)/退出(X)] <距离>: (可继续查询距离，或输入其他选项查询相应内容，也可以输入 x 退出命令)

2) 执行 MASSPROP 命令，查询面域的质量特性

使用该命令可以获取指定面域的质量特性，还可以选择将质量特性数据写入文本文件中，其列出的特性主要包括面积、周长、边界框、质心、惯性矩、惯性积、旋转半径、形心的主力矩与 X/Y/Z 方向等。执行该命令，将会打开如图 8-6 所示的文本窗口。

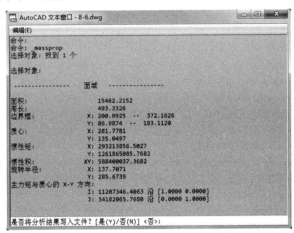

图 8-6　文本窗口

此时如果在文本窗口输入 y，将提示用户输入文件名。文件的默认扩展名为.mpr，但是该文件是可以用任何文本编辑器打开的文本文件。另外，在文本窗口中所显示的特性内容取决于选定的对象是面域还是实体。

8.2　图案填充

图案填充通过指定的线条图案、颜色和比例来填充指定区域，它常用于表达剖切面效果和不同类型物体的外观纹理、材质等特性，因此被广泛应用于机械加工、建筑工程以及地质构造等各类工程视图中。

8.2.1　基本概念

用户可以使用预定义的填充图案填充指定区域、使用当前线型定义简单的线条图案，也可以创建更为复杂的填充图案。用户还可以使用颜色填充指定区域或创建渐变填充。渐变填充是指在一种颜色的不同灰度之间或在两种颜色之间平滑过渡的双色渐变填充。渐变填充提供光源反射到对象上的外观，可用于增强图形的演示效果。

在 AutoCAD 2012 中，当用户选择图案填充命令时，如果功能区处于活动状态，将显示【图案填充创建】选项卡，如图 8-7 所示。如果在命令提示下直接输入 "-hatch"，将显示命令行选项。

图 8-7　【图案填充创建】选项卡

1．定义图案填充边界

在 AutoCAD 2012 中，用户可以用多种方法指定图案填充的边界，例如，指定封闭对象内部区域中的一点，选择封闭对象，将填充图案从工具选项板或设计中心拖动到封闭区域中。

在填充图形时，将忽略不在对象边界内的整个对象或局部对象。如果填充线与某个对象相交，并且该对象被选定为边界集的一部分，则将围绕该对象进行填充。定义图案填充边界示例如图 8-8 所示。

2．添加填充图案和实体填充

用户可以使用多种方法向图形中添加填充图案：可以使用功能区【图案填充创建】选项卡中的【图案】面板进行填充，通过执行【图案填充】命令时在命令行中选择"设置"选项，打开【图案填充和渐变色】对话框；也可以通过【图案填充】工具选项板，将预定义的填充图案拖动到指定图形中进行填充，这样可以更快、更方便地完成工作。如图 8-9 所示为【图案填充】工具选项板。

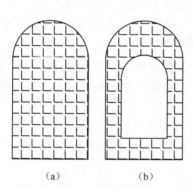

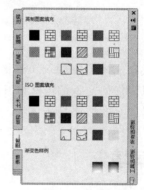

（a）　　　　　（b）

图 8-8　定义图案填充边界示例

图 8-9　【图案填充】工具选项板

3．控制图案填充原点

在功能区【图案填充创建】选项卡中提供了【原点】面板，该面板用于设置图案填充原点的位置，以保证填充图案与边界的对齐方式。用户可以单击【设定原点】按钮，在绘图区域中重新指定图案填充原点，示例如图 8-10 所示。

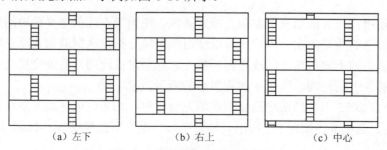

（a）左下　　　　　（b）右上　　　　　（c）中心

图 8-10　指定图案填充原点示例

在【原点】面板中还提供了左下、右下、左上、右上、中心、使用当前原点和存储为默认原点等多种工具，其功能介绍如下。

【左下】：将图案填充原点设置在图案填充矩形范围的左下角。

【右下】：将图案填充原点设置在图案填充矩形范围的右下角。

【左上】：将图案填充原点设置在图案填充矩形范围的左上角。

【右上】：将图案填充原点设置在图案填充矩形范围的右上角。

【中心】：将图案填充原点设置在图案填充矩形范围的中心。

【使用当前原点】：默认使用当前 UCS 的原点（0,0）为图案填充的原点。

【存储为默认原点】 存储为默认原点：将指定点存储为默认的图案填充原点。

4．选择填充图案

在 AutoCAD 2012 中提供了实体填充及 50 多种行业标准填充图案，可用于区分对象的部件或表示对象的材质。在"预定义"图案填充类型中，提供了 83 种填充图案，其中，ANSI图案 8 种、ISO 图案 14 种、其他预定义图案 61 种。

用户可以在功能区【图案填充创建】选项卡的【图案】面板中选择合适的图案进行填充，也可以在【图案填充和渐变色】对话框中，在【类型】下拉列表中选择"预定义"项，在【图案】下拉列表中选择预定义填充图案。用户也可单击【图案】下拉列表右侧的按钮，打开【填充图案选项板】对话框，在其中查看所有预定义的预览图像，如图 8-11 所示。

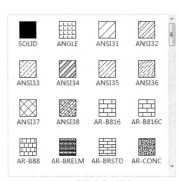

（a）【图案】面板　　　　　　　　　（b）【填充图案选项板】对话框

图 8-11　选择填充图案

另外，用户还可以根据需要选择【其他预定义】和【自定义】两种类型的填充图案，以便更好地满足不同行业的绘图要求。

【其他预定义】：该类型是基于图形的当前线型创建的直线填充图案。用户可以通过【角度】和【间距】选项来控制图案中的角度和直线间距。

【自定义】：可以使用当前线型来定义自己的填充图案，或创建更复杂的填充图案。

5．创建关联图案填充

进行填充时，使用关联选项将会使填充图案随边界的更改而自动更新。在默认情况下，创建的图案填充区域是关联的。用户也可以创建独立于边界的非关联图案填充，如图 8-12所示。

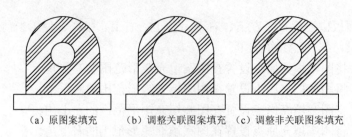

（a）原图案填充 　（b）调整关联图案填充　（c）调整非关联图案填充

图 8-12　图案填充的关联

6．指定图案填充的绘制顺序

用户可以指定图案填充的绘制顺序，以便将其绘制在图案填充边界的后面或前面，或者其他所有对象的后面或前面。在默认情况下，在创建图案填充时，将其绘制在图案填充边界的后面，这样比较容易查看和选择图案填充边界。也可以根据需要更改图案填充的绘制顺序，将其绘制在填充边界的前面，或者其他对象的后面或前面。如图 8-13 所示，在【图案填充和渐变色】对话框的【图案填充】选项卡中，【绘图次序】下拉列表中有不指定、后置、前置、置于边界之后、置于边界之前 5 个选项。

图 8-13　【绘图次序】下拉列表

分别将矩形的图案填充设置为后置和前置，效果如图 8-14 所示。

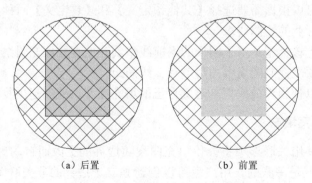

（a）后置　　　　　　　　　　　（b）前置

图 8-14　指定图案填充顺序示例

8.2.2　图案填充

在进行图案填充时，首先应创建一个区域边界，这个区域边界必须是封闭的，否则无法进行图案填充。执行图案填充命令的方法如下：

- 从菜单栏中选择【绘图】→【图案填充】命令。
- 在功能区【常用】选项卡的【绘图】面板中单击【图案填充】按钮 。
- 在命令窗口中输入 BHATCH 命令，按 Enter 键。

利用图案填充功能完善图形的绘制，具体的操作步骤如下。

1）利用基本绘图命令，绘制如图 8-15 所示的图形对象。

2）在功能区【常用】选项卡的【绘图】面板中单击【图案填充】按钮 ，将会激活【图案填充创建】选项卡，用户可以直接在要填充的图形对象内部单击，其轮廓会呈虚线状态。如果有其他区域采用同样的填充图案，也可连续单击多个图形内部点以指定填充边界，如图 8-16 所示。另外，用户也可以在【图案填充创建】选项卡中单击【选择】按钮 ，然后直接单击已形成封闭区域的图形对象作为填充边界。

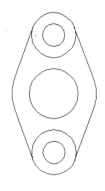

图 8-15　基本图形

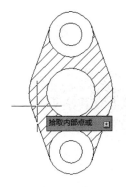

图 8-16　添加拾取点

3）确定填充边界后，在绘图区域中将会显示默认填充图案的填充效果预览。用户可以根据需要，在【图案填充创建】选项卡中对填充图案进行编辑。例如，将图案填充颜色设为蓝色，填充背景色设为青色，角度设为 90°，图案填充比例设为 1.5，结果如图 8-17 所示。

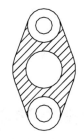

图 8-17　图案填充

8.2.3　渐变色填充

在图形绘制过程中，有时会需要对图形进行一种或多种颜色的填充，以更好地表达设计效果，这就需要使用渐变色填充功能。该功能可以对封闭区域进行渐变色填充，从而形成更好的视觉效果。根据填充的效果不同，分为单色填充和双色填充。执行渐变色填充命令的方法如下：

- 从菜单栏中选择【绘图】→【渐变色】命令。
- 在功能区【常用】选项卡的【绘图】面板中单击【渐变色】按钮 。
- 在功能区【常用】选项卡的【绘图】面板中单击【图案填充】按钮 ，在打开的对

图 8-18　树的轮廓

话框中选择【渐变色】选项卡。

- 在命令窗口中输入 GRADIENT 命令，按 Enter 键。

利用渐变色填充功能完善图形的绘制，具体的操作步骤如下。

1）利用基本绘图命令，绘制树的轮廓，如图 8-18 所示。

2）在功能区【常用】选项卡的【绘图】面板中单击【渐变色】按钮，激活【图案填充创建】选项卡，如图 8-19 所示。

3）根据光标提示，将鼠标光标移动到树叶部分内，将会自动出现默认颜色的填充效果预览，如图 8-20 所示。

图 8-19　【图案填充创建】选项卡

4）单击指定拾取点即可完成渐变色填充。用户也可根据需要对填充效果进行编辑，例如，将【渐变色 1】设为 74 号色，【渐变色 2】设为 71 号色，【渐变色角度】设为 30°，结果如图 8-21 所示。

图 8-20　树叶填充预览

图 8-21　树叶填充效果

5）利用渐变色填充功能对树干部分进行填充，单击【渐变色 1】框右侧的下拉箭头，在弹出的颜色列表中选择【选择颜色】项，将会打开如图 8-22 所示的【选择颜色】对话框。在此，选择索引号为 252 号的颜色作为树干的填充颜色，并将【渐变色角度】设为 90°，【渐变明暗】设为 20%。完成操作，树的渐变色填充结果如图 8-23 所示。

图 8-22　【选择颜色】对话框

图 8-23　树干部分填充效果

实训 8

1. 托盘图案填充

运用本章所学内容，为托盘断面图添加图案填充，具体操作步骤如下。

1）启动 AutoCAD 2012，新建一个图形文件，将工作空间设为"草图与注释"。

2）运用所学的基本绘图命令，绘制托盘断面图，如图 8-24 所示。

3）在功能区【常用】选项卡的【绘图】面板中单击【图案填充】按钮，为托盘断面图添加图案填充。执行【图案填充】命令，功能区将会激活【图案填充创建】选项卡，在【图案】面板中选择名为"ANSI31"的图案，并将光标悬停在要进行填充的区域，即可显示填充效果，如图 8-25 所示。

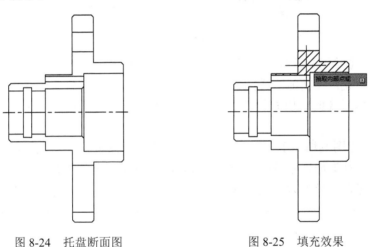

图 8-24　托盘断面图　　　　　　　　　图 8-25　填充效果

4）依次单击要进行图案填充的各个区域，填充"ANSI31"图案，结果如图 8-26 所示。

5）完成上述操作后，用户若要对图案填充效果进行调整，可单击图中的填充图案，在【图案填充创建】选项卡中修改设置。例如，将【图案填充颜色】设为"蓝色"，【背景色】设为"青色"，【图案填充比例】设为 1.5，结果如图 8-27 所示。

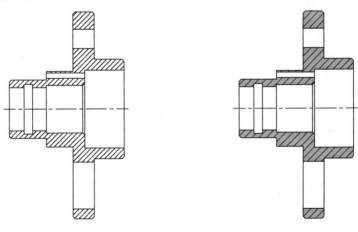

图 8-26　分别填充各个区域　　　　　　　图 8-27　修改填充效果

6）完成图案填充，将图形保存至指定位置，文件名为"托盘图案填充"。

2．沙发图案填充

运用本章所学内容，为沙发立面示意图添加图案填充，具体的操作步骤如下。

1）启动 AutoCAD 2012，新建一个图形文件，将工作空间设为"草图与注释"。

2）运用所学的基本绘图命令，绘制沙发立面示意图，如图 8-28 所示。

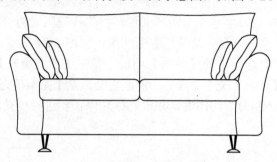

图 8-28　沙发立面示意图

3）在功能区【常用】选项卡的【绘图】面板中单击【图案填充】按钮，为沙发立面示意图添加图案填充。在功能区【图案填充创建】选项卡的【特性】面板中，将【图案填充类型】设为"实体"，【图案填充颜色】设为 33 号色，为沙发底座和扶手指定填充效果，如图 8-29 所示。

4）重复使用【图案填充】工具，为沙发坐垫添加图案填充。在功能区【图案填充创建】选项卡的【特性】面板中选择相应的选项，将【图案填充类型】设为"实体"，【图案填充颜色】设为 9 号色，填充效果如图 8-30 所示。

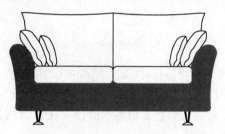

图 8-29　填充沙发底座和扶手

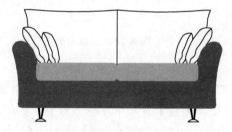

图 8-30　填充沙发坐垫

5）重复使用【图案填充】工具，为沙发靠背指定图案填充。在功能区【图案填充创建】选项卡的【图案】面板中选择名为"ANSI37"的图案，在【特性】面板中将【图案填充类型】设为"图案"，【图案填充颜色】设为 33 号色，【背景色】设为 31 号色，填充效果如图 8-31 所示。

6）重复使用【图案填充】工具，为沙发抱枕指定图案填充。在功能区【图案填充创建】选项卡的【图案】面板中选择名为"HEX"的图案，在【特性】面板中将【图案填充类型】设为"图案"，【图案填充颜色】设为 33 号色，【背景色】设为"无"，【图案填充比例】设为 2，填充效果如图 8-32 所示。

7）从菜单栏中选择【工具】→【绘图次序】→【后置】命令，将上述步骤填充的图案设为"后置"，以显示沙发轮廓线条，结果如图 8-33 所示。

8）完成图案填充，将图形保存至指定位置，文件名为"沙发图案填充"。

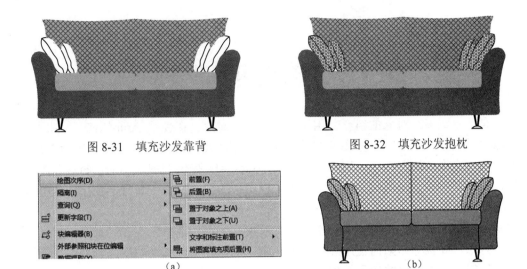

图 8-31　填充沙发靠背　　　　　　图 8-32　填充沙发抱枕

（a）　　　　　　　　　　　　　　（b）

图 8-33　后置填充图案

练习题 8

1．创建面域的要求是什么？创建面域的方法有哪些？

2．在 AutoCAD 2012 中提供的图案填充有哪些种类？

3．设置图案填充的绘图次序有什么作用？

4．利用本章所学知识，完成如图 8-34 所示的基础断面图案填充。注意：填充图案分别为 ANSI31（填充比例为 30）和 AR-CONC（填充比例为 1.5）。

5．利用本章所学知识，完成如图 8-35 所示的餐桌图案填充。注意：餐桌采用 HOUND 图案填充，比例为 50，同时采用渐变色填充，渐变色 1 为 35 号色，渐变色 2 为 9 号色，并将渐变色填充的绘图次序设为"后置"；餐椅采用渐变色填充，渐变色 1 为 9 号色，渐变色 2 为 13 号色。

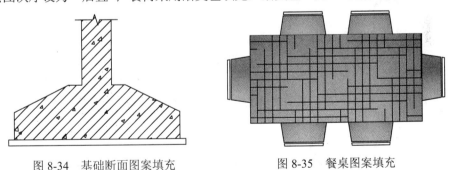

图 8-34　基础断面图案填充　　　　　图 8-35　餐桌图案填充

6．利用本章所学知识，完成如图 8-36 所示的齿轮断面图案填充。注意：采用 ANSI31 图案填充，填充颜色为蓝色，比例为 1.2。

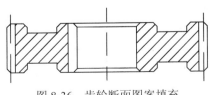

图 8-36　齿轮断面图案填充

第9章　图块和外部参照

图块是一个或多个对象的组合，用于创建单个的对象。在使用 AutoCAD 绘制图形时，经常会需要用到同一图形，有些图形的重复使用量非常大。如果每次都重新绘制势必会浪费大量的时间，为提高绘图效率，用户可以利用 AutoCAD 提供的图块功能，将这些图形定义为图块，在需要时按一定的比例和角度插入工程图中的指定位置。而且，使用图块的数据量要比直接绘图小得多，从而节省了计算机的存储空间，也提高了工作效率。

图块可以是绘制在几个图层上的不同特性对象的组合。本章主要介绍定义块、动态块和块属性的方法，并且介绍如何使用外部参数。用户应熟练掌握图块的创建和使用、图块属性的建立与编辑、动态图块的应用等内容。

9.1　创建块

图块是指由图形中的一个或几个实体组合而成的一个整体，可以将其命名并存储，方便在以后的图形中随时调用。要定义一个图块，首先要绘制好组成图形的实体，然后再对其进行定义。使用块是提高绘图效率的有效方法，它不仅能够增加绘图的准确性和提高绘图速度，还可以通过创建嵌套块来减少文件的大小。

图块可以是绘制在几个图层上的不同颜色、线型和线宽特性的对象的组合。尽管块总是在当前图层上，但块的参照保存了有关包含在该块中的对象的原图层、颜色和线型特性的信息。用户可以控制块中的对象是保留其原特性还是继承当前的图层、颜色、线型或线宽设置。

9.1.1　创建内部块

块是图形对象的集合，常用于绘制重复的图形。每个块定义都包括：块名、一个或多个对象、用于插入块的基点坐标值和所有相关的属性数据。一旦将一组对象组合成块，就可以根据需要将块多次插入到图形中的任意指定位置，插入块时还可以采用不同的比例和旋转角度。将基点作为放置块的参照，建议将基点指定在图块中对象的左下角位置。创建图块的方法如下：

- 从菜单栏中选择【绘图】→【块】→【创建】命令。
- 在功能区【常用】选项卡的【块】面板中单击【创建图块】按钮 创建。
- 在命令窗口中输入 BLOCK 命令，按 Enter 键。

利用【创建图块】工具创建如图 9-1 所示的"植物示意图"图块。操作步骤如下。

1）新建一个图形文件，利用矩形、多段线、弧线等绘图工具，绘制"植物示意图"图形。

2）在功能区【常用】选项卡的【块】面板中单击【创建图块】按钮，弹出如图 9-2 所示的【块定义】对话框，在【名称】框中输入"植物示意图"；单击【拾取点】按钮指定图块的插入基点；单击【选择对象】按钮，选择要定义图块的"植物示意图"图形。另外，用户在创建图块后，还可以选择对原图形对象采取保留、转换为块、删除等操作。

图 9-1 植物示意图

图 9-2 【块定义】对话框

【块定义】对话框中主要选项的含义说明如下。

【名称】：为要创建的内部图块命名。

【基点】：该栏用于指定内部图块的基点。单击【拾取点】按钮，返回绘图区域指定基点，也可以直接在下面的 X、Y 和 Z 三个文本框中输入基点的坐标值。

【选择对象】：单击该按钮，将返回绘图区域选择要创建为图块的对象。

【块单位】：指定通过设计中心拖放图块到绘图区中时的缩放单位。

【按统一比例缩放】：选中该复选框，则缩放图块时将保持各个方向上的比例不变。

【允许分解】：该复选框常默认为选中状态，表示创建的图块允许被分解。

说明：该文本框用于输入图块的说明文字。

9.1.2 创建外部块

用户可以创建一个图形文件，作为图块插入到其他图形中。作为块定义源，单个图形文件容易创建和管理，使用时也更加方便。尤其对于那些在设计中需要多次用到的行业标准图形，可以将其创建为块形式的图形文件，即外部块，在调用图块时仅需改变其比例或旋转一定的角度即可。创建外部块的方法如下：

● 在功能区【插入】选项卡的【块定义】面板中单击【写块】按钮 。

● 在命令窗口中输入 WBLOCK 命令，按 Enter 键。

利用【写块】工具创建如图 9-3 所示的盥洗池图块，操作步骤如下。

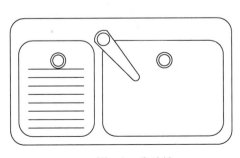

图 9-3 盥洗池

图 9-4 【写块】对话框

1）新建一个图形文件，利用基本绘图工具，绘制盥洗池图形。

2）在功能区【插入】选项卡的【块定义】面板中单击【写块】按钮，弹出如图 9-4 所示的【写块】对话框。在【源】栏中选中【对象】项。另外，如果要在图形中保留用于创建新图形的原对象，请确保不要选中【从图形中删除】项，否则，将从图形中删除原对象。

3）单击【选择对象】按钮，选择要创建为块的图形对象，按 Enter 键结束。

4）在【基点】栏中，使用坐标输入或拾取点两种方法均可定义基点位置。

5）在【目标】栏中，输入新图形的文件名称和路径，或单击"浏览"按钮，打开标准的文件选择对话框，将图形进行保存，单击【确定】按钮即完成了定义。

在【写块】对话框中，在【源】栏中，可以指定作为写块对象的图形来源为现有块，从下拉列表中选取，也可以指定当前的整个图形，或者指定整个图形中的某一部分；在【目标】栏中，可以指定文件的新名称和新位置（路径）以及插入块时所用的测量单位。

9.1.3 插入图块

在绘图过程中定义图块后，用户可以在绘制工程图时根据需要多次插入图块。插入图块时，可以指定它的位置、缩放比例和旋转度。插入块操作将创建一个称做块参照的对象，因为其参照了存储在当前图形中的块定义。执行【插入图块】命令的方法如下：

● 在功能区【常用】选项卡的【块】面板中单击【插入块】按钮。

● 在功能区【插入】选项卡的【块】面板中单击【插入块】按钮。

● 在命令窗口中输入 INSERT 命令，按 Enter 键。

利用【插入图块】工具将前面创建的"植物示意图"图块插入到当前图形中，具体的操作步骤如下。

1）绘制一个尺寸为 2000mm×1500mm 的矩形，并按前面所讲方法创建"植物示意图"图块。

2）在功能区【常用】选项卡的【块】面板中单击【插入块】按钮，打开【插入】对话框，选择名称为"植物示意图"的图块，如图 9-5 所示。

3）单击【确定】按钮，在屏幕上适当位置单击以确定图块插入位置，结果如图 9-6 所示。

图 9-5　【插入】对话框

图 9-6　插入图块

9.2　图块的属性

图块的属性是指将数据附着到块上的标签或标记，它可以包含用户所需要的各种信息。

属性图块常用于形式相同，而文字内容需要变化的情况，如工程图中的轴线符号、门窗编号、标高符号等，用户可以将它们创建为带有属性的图块，使用时可根据需要指定文字内容。

9.2.1 定义图块属性

属性是非图形信息，也是图块的组成部分。当插入图块时，系统将显示或提示输入属性数据。要定义图块属性，首先要创建包含属性特征的属性定义。属性特征包括：标记（标识属性的名称）、插入块时显示的提示、值的信息、文字格式、块中的位置和所有可选模式（不可见、常数、验证、预置、锁定位置和多线）。

创建一个或多个属性定义后，在定义或重新定义图块时可以附着这些属性。要为一个图块同时添加多个属性，用户可以先定义这些属性，然后在定义图块时将它们都添加到图块对象的选择集中。通常，在插入附着多个属性的图块时，属性提示顺序与创建块时选择属性的顺序相同。但是，如果使用窗交选择或窗口选择的方式来选择属性，则提示顺序与创建属性的顺序相反。用户可以使用块属性管理器来修改插入块参照时提示输入属性信息的次序。执行【定义属性】命令的操作方法如下：

- 在功能区【常用】选项卡的【块】面板中单击【定义属性】按钮 。
- 在功能区【插入】选项卡的【属性】面板中单击【定义属性】按钮 。
- 在命令窗口中输入 ATTDEF 命令，按 Enter 键。

执行该命令，AutoCAD 2012 将打开【属性定义】对话框，如图 9-7 所示。

使用【定义属性】工具为平面窗图形对象添加平面窗编号属性，并使用带有属性定义的平面窗图块为房间平面图添加平面窗，具体的操作步骤如下。

图 9-7 【属性定义】对话框

1）新建一个图形文件，利用矩形、直线等命令绘制一个尺寸为 1000mm×240mm 的平面窗图形，如图 9-8 所示。

2）在功能区【常用】选项卡的【块】面板中单击【定义属性】按钮 ，打开【属性定义】对话框。在【标记】文本框中输入"窗编号"，在【提示】文本框中输入"请输入平面窗编号"，在【默认】文本框中输入"C-1"，【对正】设为"左"，【文字高度】设为 150。完成后单击【确定】按钮退出，在屏幕上单击以指定窗编号属性的放置位置，结果如图 9-9 所示。

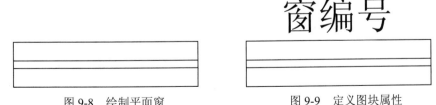

图 9-8 绘制平面窗　　　　　　　　图 9-9 定义图块属性

3）在功能区【常用】选项卡的【块】面板中单击【创建块】按钮，打开【块定义】对话框。在【名称】框中输入"平面窗"，并拾取平面窗图形的左下角点为基点，在选择对象时，将平面窗图形与其属性全部选中，如图 9-10 所示。

4）块定义设置完成后，单击【确定】按钮，将会打开【编辑属性】对话框，如图 9-11 所示，单击【确定】按钮完成图块属性的定义。

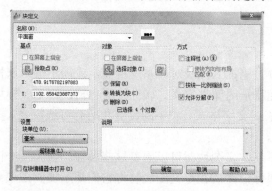

图 9-10　"平面窗"块定义

图 9-11　【编辑属性】对话框

5）利用前面章节所学内容，绘制一个房间的平面图，如图 9-12 所示。

6）在功能区【常用】选项卡的【块】面板中单击【插入块】按钮，打开【插入】对话框。选择名为"平面窗"的图块，并单击【确定】按钮，在图形的适当位置单击以确定平面窗的插入位置。此时，程序将会提示"请输入平面窗编号"，输入需要标注的平面窗编号，完成图形的绘制。结果如图 9-13 所示。

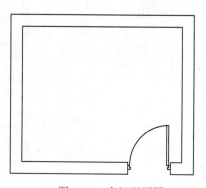

图 9-12　房间平面图

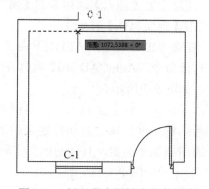

图 9-13　插入带有属性定义的图块

9.2.2　编辑块属性

当块定义中包含属性定义时，属性将会作为一种特殊的文本对象也一起插入到图形中。用户可以利用 AutoCAD 2012 提供的【增强属性编辑器】对话框对附着到图块的属性进行编辑。当然，也可以通过【特性】选项板或【快捷特性】对话框对其进行编辑。执行图块【编辑属性】命令的操作方法如下：

- 在功能区【常用】选项卡的【块】面板中选择【编辑属性】工具。
- 在功能区【插入】选项卡的【属性】面板中选择【编辑属性】工具。
- 在绘图区域直接双击附着有属性的图块对象。
- 在命令窗口中输入 EATTEDIT 命令，按 Enter 键执行。

【增强属性编辑器】对话框如图 9-14 所示，其中列出了所选定图块中的属性并显示每个属性的特性。更改现有块参照的属性特性不会影响指定给这些图块的值。在【增强属性编辑器】对话框中包含【属性】、【文字选项】和【特性】三个选项卡。

在【属性】选项卡中，显示了指定给每个属性的标记、提示和值，用户可以根据需要更改选定图块的属性值，如图 9-14 所示。

在【文字选项】选项卡中，可以设置属性文字在图形中的显示方式等，如图 9-15 所示。

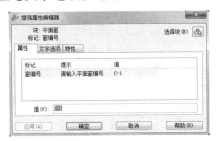 

图 9-14　【属性】选项卡　　　　　　图 9-15　【文字选项】选项卡

在【特性】选项卡中，可以指定属性所在的图层，设置属性文字的线宽、线型和颜色。如图 9-16 所示。

图 9-16　　【特性】选项卡

9.2.3　管理图块属性

使用该功能，用户可以编辑已经附着到块和插入图形上的全部属性的值及其他特性。在定义附着多个属性的图块时，选择属性的顺序决定了在插入图块时提示属性信息的顺序。用户可以使用块属性管理器更改属性值的提示顺序，还可以从块定义和当前图形中现有的块参照中删除属性。需要注意的是，不能从块中删除所有属性，必须至少保留一个属性，否则需要重新定义块。对块定义所做的更改，可以在当前图形的所有块参照中更新属性。执行图块的管理属性的操作方法如下：

● 在功能区【常用】选项卡的【块】面板中单击【管理属性】按钮。
● 在功能区【插入】选项卡的【属性】面板中单击【管理属性】按钮。
● 在命令窗口中输入 BATTMAN 命令，按 Enter 键。

执行该命令，系统将会打开如图 9-17 所示的【块属性管理器】对话框。用户可以从【块】列表中选择一个块，或者单击【选择块】按钮，并在绘图区域中选择一个块进行编辑。在属性列表框中双击要编辑的属性，或者选择该属性并单击【编辑】按钮，将会弹出如图 9-18 所示的【编辑属性】对话框，其中有【属性】、【文字选项】、【特性】三个选项板。用户可以在此对属性进行修改。

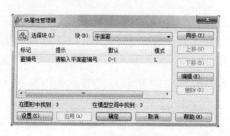

图 9-17 【块属性管理器】对话框

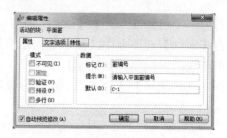

图 9-18 【编辑属性】对话框

如果用户选定的图块附着有多个属性,在其属性列表框中将会依次列出。要更改多个属性的提示顺序,可以在属性列表框中选定要更改顺序的属性,单击右键,从快捷菜单中选择【上移】或【下移】命令即可,也可以单击对话框右侧的【上移】或【下移】按钮,以更改属性值的提示顺序。

9.3 动态图块

动态图块就是将一系列内容相同或相近的图形,通过块编辑器将图形创建为块,并设置该块具有参数化的动态特性。用户可以通过自定义夹点或自定义特性来编辑动态块。动态图块具有灵活性和智能性,在操作时可以轻松地更改图形中的动态块参照。要创建动态图块必须至少包含一个参数以及一个与该参数相关联的动作,可以通过给已创建的图块添加动态参数和动作来创建动态图块。

用户在创建动态图块前,应熟悉图块在绘制图形中的使用方式,如拉伸、缩放、移动、旋转等。例如,在绘制建筑平面图时插入一个单开门块参照,则在编辑图形时可能需要更改单开门的大小。如果该块是动态的,并且定义为可调整大小,那么只需要拖动自定义夹点或在【特性】选项板中指定不同的尺寸,就可以方便地修改单开门的大小。用户还可以修改门的打开角度,也可以使用对齐夹点轻松地将门块参照与图形中的其他几何图形对齐。

9.3.1 块编辑器

在【块编辑器】中提供了用于向块定义中添加动态行为的工具。通过【块编辑器】可以快速访问块编写工具。【块编辑器】包含一个绘图区域,在该区域中,用户可以像在程序的主绘图区域中一样绘制和编辑图形。调用【块编辑器】的操作方法如下:

- 从菜单栏中选择依次单击【工具】→【块编辑器】工具命令。

图 9-19 【编辑块定义】对话框

- 在功能区【常用】选项卡的【块】面板中单击【编辑】按钮 编辑。
- 在功能区【插入】选项卡的【块】面板中单击【块编辑器】按钮。
- 在命令窗口中输入 BEDIT 命令,按 Enter 键。

执行该命令后,将会打开【编辑块定义】对话框,如图 9-19 所示。

在【编辑块定义】对话框中列出了可供编辑创建动态块的多个图块,用户可以在此选定要创建或编辑的图块,然后单击【确定】按钮，进入【块编辑器】工作环境，如图9-20所示。

　　用户可以创建新的块定义，也可以编辑动态行为，或者将动态行为添加到当前图形现有的块定义中。在【块编辑器】工作环境中提供了添加约束、参数、动作、定义属性、关闭块编辑器、管理可见性状态、保存块定义等功能，用户可以方便地创建和编辑动态图块。

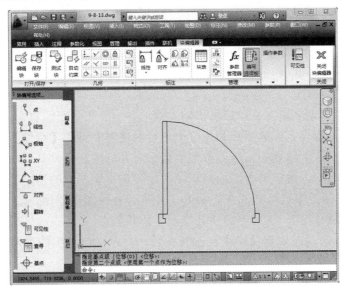

图9-20　【块编辑器】工作环境

9.3.2　参数与动作

　　在【块编辑器】工作环境中，用户可以通过功能区面板或【块编写选项板】中提供的工具，为图块添加参数和动作，用以向新创建的或现有的块定义中添加动态行为。如图9-21所示为【块编写选项板】的【参数】、【动作】、【参数集】、【约束】4个选项卡。

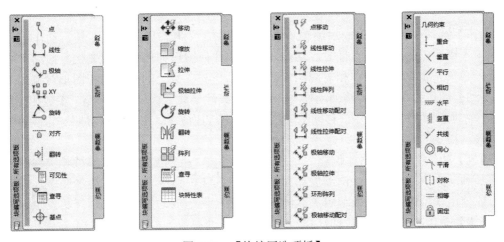

图9-21　【块编写选项板】

1．添加参数

【参数】选项卡提供用于向块编辑器中的动态块定义中添加参数的工具。参数用于指定几何图形在块参照中的位置、距离和角度。在块编辑器中，参数的外观类似于标注，动态块的相关动作完全是依据参数进行的。在 AutoCAD 2012 中提供的动态块参数类型有点、线性、极轴、旋转、对齐、翻转等。用户可以为同一个图块添加多个参数。将参数添加到动态块定义中时，该参数将定义块的一个或多个自定义特性。

【点】参数：向动态块定义中添加点参数，并定义块参照的自定义 X 和 Y 特性。点参数定义图形中的 X 和 Y 位置。在块编辑器中，点参数类似于一个坐标标注。

【线性】参数：向动态块定义中添加线性参数，并定义块参照的自定义距离特性。线性参数显示两个目标点之间的距离。线性参数限制沿预设角度进行的夹点移动。在块编辑器中，线性参数类似于对齐标注。

【极轴】参数：向动态块定义中添加极轴参数，并定义块参照的自定义距离和角度特性。极轴参数显示两个目标点之间的距离和角度值。可以使用夹点和【特性】选项板来共同更改距离值和角度值。在块编辑器中，极轴参数类似于对齐标注。

【XY】参数：向动态块定义中添加 XY 参数，并定义块参照的自定义水平距离和垂直距离特性。XY 参数显示距参数基点的 X 距离和 Y 距离。在块编辑器中，XY 参数显示为一对标注（水平标注和垂直标注），这一对标注共享一个公共基点。

【旋转】参数：向动态块定义中添加旋转参数，并定义块参照的自定义角度特性。旋转参数用于定义角度。在块编辑器中，旋转参数显示为一个圆。

【对齐】参数：向动态块定义中添加对齐参数。对齐参数定义 X、Y 位置和角度。对齐参数总是应用于整个块，并且无须与任何动作相关联。对齐参数允许块参照自动围绕一个点旋转，以便与图形中的其他对象对齐。对齐参数影响块参照的角度特性。在块编辑器中，对齐参数类似于对齐线。

【翻转】参数：向动态块定义中添加翻转参数，并定义块参照的自定义翻转特性。翻转参数用于翻转对象。在块编辑器中，翻转参数显示为投影线，可以围绕这条投影线翻转对象。翻转参数将显示一个值，该值显示块参照是否已被翻转。

2．添加动作

【动作】选项卡提供用于向块编辑器中的动态块定义中添加动作的工具。动作定义了在图形中操作块参照的自定义特性时，动态块参照的几何图形如何移动或变化。向动态块添加动作前，必须先添加与该动作相对应的参数，该动作与参数上的关键点和图形对象相关联。

【移动】动作：在用户将移动动作与点参数、线性参数、极轴参数或 XY 参数相关联时，将该动作添加到动态块定义中。移动动作类似于 MOVE 命令。在动态块参照中，移动动作将使对象移动指定的距离和角度。

【缩放】动作：在用户将比例缩放动作与线性参数、极轴参数或 XY 参数相关联时，将该动作添加到动态块定义中。比例缩放动作类似于 SCALE 命令。在动态块参照中，当通过移动夹点或使用【特性】选项板编辑关联的参数时，比例缩放动作将使其选择集发生缩放。

【拉伸】动作：在用户将拉伸动作与点参数、线性参数、极轴参数或 XY 参数相关联时，将该动作添加到动态块定义中。拉伸动作将使对象在指定的位置移动和拉伸指定的距离。

【极轴拉伸】动作：在用户将极轴拉伸动作与极轴参数相关联时，将该动作添加到动态块定义中。当通过夹点或【特性】选项板更改关联的极轴参数上的关键点时，极轴拉伸动作将使对象旋转、移动和拉伸指定的角度和距离。

【旋转】动作：在用户将旋转动作与旋转参数相关联时，将该动作添加到动态块定义中。旋转动作类似于 ROTATE 命令。在动态块参照中，当通过夹点或【特性】选项板编辑相关联的参数时，旋转动作将使其相关联的对象进行旋转。

【翻转】动作：在用户将翻转动作与翻转参数相关联时，将该动作添加到动态块定义中。使用翻转动作可以围绕指定的轴翻转动态块参照。

【阵列】动作：在用户将阵列动作与线性参数、极轴参数或 XY 参数相关联时，将该动作添加到动态块定义中。通过夹点或【特性】选项板编辑关联的参数时，阵列动作将复制关联的对象并按矩形的方式进行阵列。

3．动态块应用

例如，利用块编辑器为"单开门"图块添加动作和参数，以便在绘制图形时能够根据需要更改其大小。具体的操作步骤如下。

1）利用直线、多段线、圆弧等工具，绘制一个尺寸为 1000mm 的"单开门"图形，如图 9-22 所示。

2）在功能区【常用】选项卡的【块】面板中单击【编辑】按钮，打开【编辑块定义】对话框，选择"单开门"图块，单击【确定】按钮，进入【块编辑器】工作环境，如图 9-20 所示。

3）在【块编写选项板】中，选择【参数】选项卡中的【线性】参数，然后设置"单开门"图块宽度的起点和终点，为图块添加线型参数"距离 1"，然后单击右键，从快捷菜单中选择【夹点显示】命令将该参数的夹点设为 1 个，如图 9-23 所示。

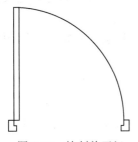

图 9-22　绘制单开门

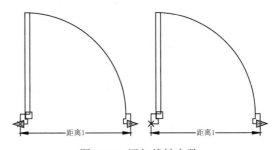

图 9-23　添加线性参数

4）单击已添加的"距离 1"参数，单击右键，从快捷菜单中选择【特性】命令，打开【特性】选项板，将其【距离类型】设为"列表"，并单击【距离值列表】后的 ⋯ 按钮，在打开的【添加距离值】对话框中添加需要的数值，如图 9-24 所示。

值集	▲
距离类型	列表
距离值列表	700,800,900,1000,1200

（a）　　　　　　　　　　（b）

图 9-24　修改"距离 1"参数

5）在【块编写选项板】中选择【动作】选项卡中的【拉伸】动作，再单击"距离 1"参数及其夹点作为与动作关联的参数点。根据命令提示指定拉伸框，并选择要拉伸的对象，完成"单开门"动态图块的创建。

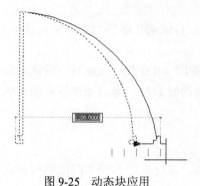

图 9-25　动态块应用

6）在功能区【块编辑器】选项卡的【打开/保存】面板中单击【保存块】按钮，将前面的参数设置进行保存，单击【关闭块编辑器】按钮，完成参数设置并退出到绘图界面。

7）在功能区【常用】选项卡内的【块】面板中单击【插入块】按钮，在图形中插入名为"单开门"的图块，并单击该图形对象以激活夹点状态。选择右侧的夹点箭头，即可进行拉伸动作，可拉伸的距离范围为前面在"距离值列表"中设置的数值，效果如图 9-25 所示。

9.4　外部参照

使用外部参照功能，用户可以将整个图形文件作为参照图形附着到当前的图形中。通过外部参照，参照图形中所做的更改将反映在当前图形中。附着的外部参照链接至另一图形，并不真正插入。因此，使用外部参照可以生成图形而不会显著增加图形文件的大小。通过使用参照图形，用户可以实现以下功能。

① 通过在图形中参照其他用户的图形以协调用户之间的工作，从而与其他设计师所做的更改保持同步。

② 确保显示参照图形的最新版本。打开图形时，程序将自动重载每个参照图形，从而反映参照图形文件的最新状态。

③ 用户不可以在图形中使用参照图形中已存在的图层名、标注样式、文字样式和其他命名元素。

④ 当工程图设计和绘制完成并准备归档时，可以将附着的参照图形和当前图形永久合并到一起。

9.4.1　附着外部参照

附着外部参照可以将图形文件插入到当前图形中作为外部参照。将图形文件附着为外部参照时，可将该参照图形链接至当前图形。在打开或重新加载参照图形时，当前图形中将显示对该文件所做的所有更改。一个图形文件可以作为外部参照同时附着到多个图形中，反之，也可以将多个图形文件作为参照图形附着到单个图形中。附着外部参照的操作方法如下：

- 从菜单栏中选择【插入】→【DWG 参照】、【DWF 参照底图】、【DGN 参考底图】、【PDF 参考底图】或【光栅图像参照】等命令。
- 在功能区【插入】选项卡的【参照】面板中单击【附着】按钮。
- 在【参照】工具栏中单击【附着外部参照】按钮。
- 在命令窗口中输入 XATTACH 命令，按 Enter 键。

执行上述命令，将会打开如图 9-26 所示的【选择参照文件】对话框，可以在该对话框中选择 DWF、DGN、PDF、DWG 等不同格式的文件作为外部参照。

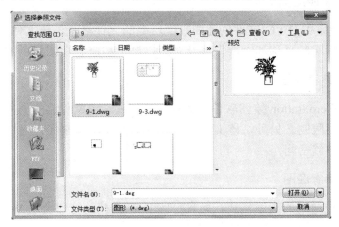

图 9-26　【选择参照文件】对话框

1．附着 DWG 参照

在【选择参数文件】对话框中选择要附着的文件并单击【打开】按钮后，将会打开如图 9-27 所示的【附着外部参照】对话框。用户可以在此为图形选择新的外部参照，还可以指定外部参照的类型是附着型还是覆盖型，以及参照图形的比例、插入点、路径类型、旋转角度、块单位等内容。

图 9-27　【附着外部参照】对话框

完成设置并单击【确定】按钮，即可完成 DWG 参照的附着。此时，在功能区中将会显示【外部参照】选项卡，用于调整和剪裁外部参照对象，如图 9-28 所示。注意，只有选中图形中的外部参照对象后，才会显示【外部参照】选项卡。

图 9-28　【外部参照】选项卡

2．附着 DWF 参照底图

DWF 格式是一种从 DWG 文件创建的高度压缩的文件格式。该文件格式易于在 Web 上发布和查看，并支持实时平移和缩放，以及对图层显示和命名视图显示的控制。

3．附着 DGN 参考底图

DGN 格式是 MicroStation 绘图软件生成的文件格式。该文件格式对精度、层数，以及文件和单元的大小并不限制。另外，该文件中的数据都是经过快速优化、检验并压缩的，有利于节省网络带宽和存储空间。

4．附着 PDF 参考底图

PDF 格式是一种通用的阅读格式，而且打印 PDF 文档和打印普通 Word 文档一样简单，所以图纸的存档和外发加工一般都使用 PDF 格式。

5．附着光栅图像参照

可以将图像文件附着到当前的图形文件中，对当前图形进行辅助说明。

9.4.2　绑定外部参照

绑定外部参照是指将外部参照定义转换为标准的内部块定义。用户可以将指定的外部参照与原图形文件断开链接，并转换为块对象，成为当前图形的永久组成部分。绑定外部参照的方法如下：

- 从菜单栏中选择【修改】→【对象】→【外部参照】→【绑定】命令。
- 在命令窗口中输入 XBIND 命令，按 Enter 键。

执行上述操作，程序将会打开如图 9-29 所示的【外部参照绑定】对话框，可以在此添加或删除绑定对象。

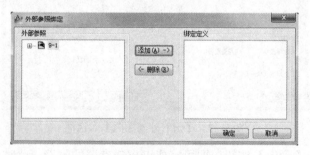

图 9-29　【外部参照绑定】对话框

9.4.3　管理外部参照

在 AutoCAD 2012 中使用【外部参照】选项板，用户可以对图形中引用的外部参照进行组织、显示和管理。在该选项板中提供了打开、附着、卸载、重载、拆离、绑定等管理工具。调用【外部参照】选项板的方法如下：

- 从菜单栏中选择【插入】→【外部参照】命令。

- 选中外部参照对象，在功能区【外部参照】选项卡的【选项】面板中单击【外部参照】按钮。
- 在【参照】工具栏单击【外部参照】按钮 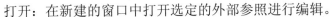。
- 在命令窗口中输入 EXTERNALREFERENCES 命令，按 Enter 键。

图 9-30　【外部参照】选项板

通过上述操作，均可以调出如图 9-30 所示的【外部参照】选项板。【外部参照】选项板分为两个窗格：上部的窗格为【文件参照】窗格，以列表或树状结构的方式显示参照文件；下部的窗格为【详细信息】窗格，显示选定参照文件的详细信息，用户也可以选择显示预览效果。

在参照文件上单击右键，弹出快捷菜单，其中各命令说明如下。

打开：在新建的窗口中打开选定的外部参照进行编辑。

附着：根据所选文件对象打开相应的对话框，在该对话框中选择需要插入到当前图形中的外部参照文件。

卸载：从当前图形中卸载外部参照，以提高图形的打开速度。卸载与拆离的作用不同，卸载并不删除外部参照的定义，而仅仅是取消外部参照的图形显示。

重载：可以随时更新外部参照，以确保图形中显示最新版本。在网络环境中，无论何时修改和保存外部参照图形，其他用户都可以通过在打开的图形中重载外部参照立即访问所做的修改。

拆离：要从图形中彻底删除 DWG 参照（外部参照），需要拆离它们而不是删除。删除外部参照不会删除与其关联的图层定义，而使用【拆离】命令将删除外部参照和所有关联信息。使用该命令只能拆离直接附加或覆盖到当前图形中的外部参照，而不能拆离嵌套的外部参照。

绑定：设置具有绑定功能的参照文件可操作性。可以将外部参照文件转换为标准本地块定义。将外部参照绑定到当前图形有两种方式：绑定和插入。在插入外部参照时，绑定方式将更改外部参照的定义表名称，而插入方式则不更改定义表名称。要绑定一个嵌套的外部参照，必须选择上一级外部参照。执行该命令，将会打开【绑定外部参照】对话框，如图 9-31 所示。

图 9-31　【绑定外部参照】对话框

9.4.4　剪裁外部参照

由于附着的外部参照对象是一个整体，如果只需要其中的某一部分图形对象，则可以通过【剪裁】命令进行处理。执行剪裁操作并非真正修改参照图形，而是将其隐藏显示。执行外部参照剪裁的方法如下：

- 在菜单栏中选择【修改】→【剪裁】→【外部参照】命令。
- 在功能区【插入】选项卡的【参照】面板中单击【剪裁】按钮。
- 在命令窗口中输入 XCLIP 命令，按 Enter 键。

对插入到图形中的外部参照"台灯"图形进行剪裁，命令行提示如下：

命令：xclip（执行剪裁命令）

选择对象：找到 1 个（单击要进行剪裁的外部参照对象）

选择对象：（按 Enter 键完成对象选择）

输入剪裁选项 [开(ON)/关(OFF)/剪裁深度(C)/删除(D)/生成多段线(P)/新建边界(N)] <新建边界>：n（选择"新建边界"选项）

外部模式 – 边界外的对象将被隐藏。

指定剪裁边界或选择反向选项：[选择多段线(S)/多边形(P)/矩形(R)/反向剪裁(I)] <矩形>：r（剪裁边界可选择多种形式，在此选择"矩形"选项）

指定第一个角点：指定对角点：（单击角点，确定矩形剪裁边界）

命令执行完毕，结果如图 9-32 所示。

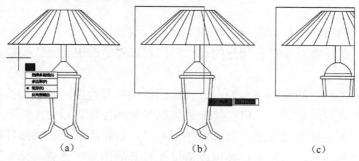

(a)　　　　　　　(b)　　　　　　　(c)

图 9-32　剪裁外部参照

9.4.5　外部参照的编辑

用户可以通过直接打开参照图形对其进行编辑，或者从当前图形内部在位编辑外部参照。对外部参照进行编辑的操作方法如下：

- 在【外部参照】选项板的【文件参照】窗格中选择一个或多个参照，单击右键，从弹出的快捷菜单中选择【打开】命令，即可打开外部参照图形进行编辑。
- 在功能区【插入】选项卡的【参照】面板中单击【编辑参照】按钮 ☑ 编辑参照。
- 在命令窗口中输入 REFEDIT 命令，按 Enter 键。

用户还可以选中已有的参照对象，以激活【在位参照编辑器】来修改当前图形中的外部参照，或者重定义当前图形中的块定义。双击参照对象，将会打开如图 9-33 所示的【参照编辑】对话框。

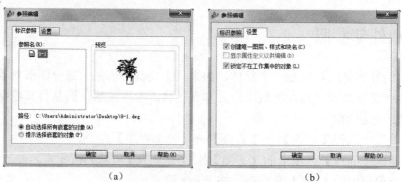

(a)　　　　　　　　　　(b)

图 9-33　【参照编辑】对话框

在【参照编辑】对话框中，可选择要进行编辑的参照名，此时，如果另一个用户正在使用参照所在的图形文件，则不能进行在位编辑参照。如果选择的对象是一个或多个嵌套参照的一部分，则此嵌套参照将显示在对话框中。

实训 9

1．图块属性应用

运用本章所学内容，创建"粗糙度"符号图块，并添加图块属性，为支架示意图添加粗糙度标注。具体的操作步骤如下。

1）启动 AutoCAD 2012，新建一个图形文件，将工作空间设为"草图与注释"。

2）运用所学的基本绘图命令，绘制支架示意图，如图 9-34 所示。

3）运用所学的基本绘图命令，绘制"粗糙度"符号，如图 9-35 所示。

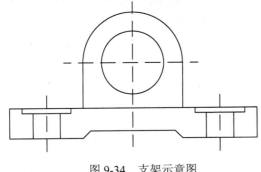
图 9-34　支架示意图

图 9-35　"粗糙度"符号

4）在功能区【常用】选项卡的【块】面板中单击【定义属性】按钮 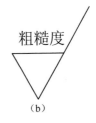，打开【属性定义】对话框，为所绘制的"粗糙度"符号添加属性，设置如图 9-36（a）所示。注意：将属性标记定位在图 9-36（b）所示位置。

（a）

（b）

图 9-36　定义属性

5）在功能区【常用】选项卡的【块】面板中单击【创建】按钮，打开【块定义】对话框。输入"粗糙度符号"作为图块名称，拾取图形底部端点作为图块的基点，并且，在选择对象时，将粗糙度符号与其属性全部选中，如图 9-37 所示。

6）块定义设置完成后，单击【确定】按钮，打开【编辑属性】对话框，其中显示前面所添加的属性内容，单击【确定】按钮完成图块属性的编辑，如图9-38所示。

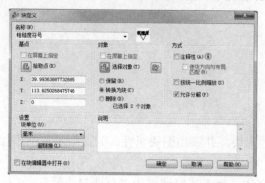

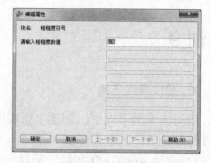

图9-37　创建图块　　　　　　　　　　　　图9-38　编辑属性

7）在功能区【常用】选项卡的【块】面板中单击【插入】工具，在打开的【插入】对话框中，选择已创建的"粗糙度符号"图块，单击【确定】按钮，在图形中插入该图块。在插入图块时，首先应确定其插入点。当用户在适当位置单击以指定插入点后，将会出现动态提示文字"请输入粗糙度数值"，如图9-39（a）所示，此时可以在动态提示窗口中输入相应的数值，以完成粗糙度符号图块的插入，结果如图9-39（b）所示。

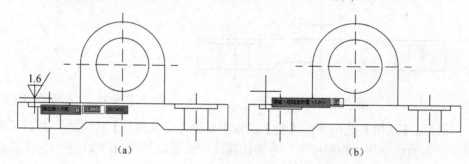

图9-39　插入图块

8）重复上一步操作，为图形标注底部粗糙度符号，然后在功能区【常用】选项卡的【修改】面板中单击【旋转】按钮，将粗糙度符号旋转180°，结果如图9-40所示。

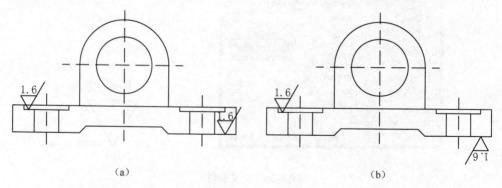

图9-40　符号旋转

9）双击底部粗糙度符号，将会打开【增强属性编辑器】对话框，对粗糙度标注符号的数值和文字选项进行编辑，如图9-41所示。

（a）　　　　　　　　　　　　（b）

图 9-41　编辑图块属性

10）完成图块属性编辑，结果如图 9-42 所示。将图形保存至指定位置，文件名为"图块属性应用"。

2.动态图块应用

运用本章所学内容，创建"二维窗"平面图块，并为其添加动作，以提高在平面图中绘制门窗的工作效率。具体的操作步骤如下。

1）启动 AutoCAD 2012，新建一个图形文件，将工作空间设为"草图与注释"。

2）运用基本绘图命令，绘制二维窗平面图，尺寸为 1000mm×240mm，如图 9-43 所示。

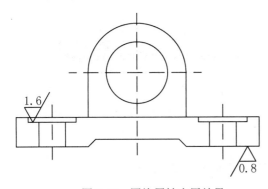 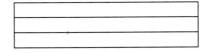

图 9-42　图块属性应用结果　　　　　　图 9-43　二维窗

3）在功能区【常用】选项卡的【块】面板中单击【定义属性】按钮，打开【属性定义】对话框。为所绘制的"二维窗"添加属性，设置如图 9-44（a）所示。将属性标记定位在如图 9-44（b）所示位置。

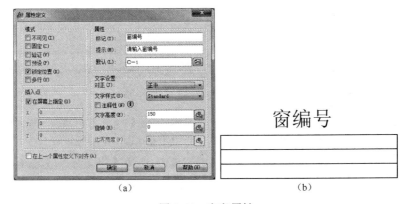

（a）　　　　　　　　　　　　（b）

图 9-44　定义属性

4）在功能区【常用】选项卡的【块】面板中单击【创建】按钮，打开【块定义】对话框。输入"二维窗"作为图块名称，拾取图形左下角作为图块的基点，并且，在选择对象时，将二维窗与其属性全部选中，如图 9-45 所示。

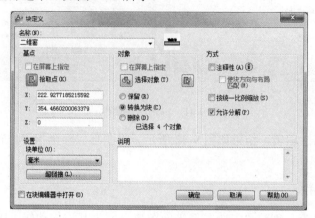

图 9-45　创建图块

5）在功能区【常用】选项卡的【块】面板中单击【编辑】按钮，打开【编辑块定义】对话框。选择"二维窗"图块，单击【确定】按钮，将会进入【块编辑器】工作环境，如图 9-46 所示。

图 9-46　【块编辑器】工作环境

6）在【块编写选项板】中选择【参数】选项卡中的【线性】参数，然后选择二维窗宽度的起点和终点，为图块添加线性参数"距离 1"，如图 9-47 所示。

7）选择"距离 1"参数，单击右键，从快捷菜单中选择【夹点显示】命令，将该参数的夹点设为 1 个，结果如图 9-48 所示。

图 9-47　添加线性参数

图 9-48　修改参数夹点

8）选择"距离"参数，单击右键，从快捷菜单中选择【特性】命令，打开【特性】选项板。如图 9-49（a）所示，将【值集】面板中的【距离类型】设为"增量"，【距离增量】设为 100，【最小距离】设为 600，最大距离设为 2400，结果如图 9-49（b）所示。

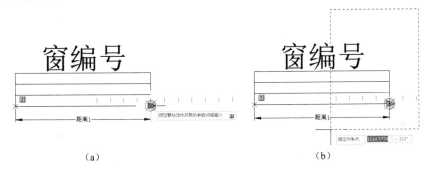

值集	
距离类型	增量
距离增量	100
最小距离	600
最大距离	2400

（a）　　　　　　　　　　　　　　　　（b）

图 9-49　修改参数特性

9）在【块编写选项板】中单击【动作】选项卡中的【拉伸】按钮，选择"距离"参数及其夹点作为与动作关联的参数点。根据命令提示，选择拉伸框架，并选择要拉伸的对象。结果如图 9-50 所示。

（a）　　　　　　　　　　　　　　　　（b）

图 9-50　添加拉伸动作

10）在功能区【块编辑器】选项卡的【打开/保存】面板中单击【保存块】按钮，将前面的参数设置进行保存，单击【关闭块编辑器】按钮，完成参数设置并返回绘图界面。

11）在功能区【常用】选项卡的【块】面板中单击【插入块】按钮，在图形中插入名为"二维窗"的图块。根据提示输入窗编号，如图 9-51（a）所示，并选择该图形以激活夹点状态，然后单击图形右侧的夹点箭头，即可进行拉伸动作，拉伸过程如图 9-51（b）所示。

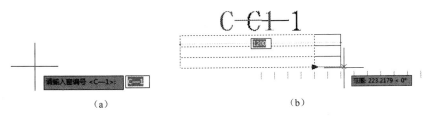

（a）　　　　　　　　　　　　　　　　（b）

图 9-51　拉伸图块

12）完成上述操作，将图形保存至指定位置，文件名为"动态图块应用"。

练习题 9

1. 在绘制工程图时，使用图块有什么作用？
2. 外部块和内部块的区别是什么？
3. 在 AutoCAD 2012 中如何定义图块的属性？它有什么作用？请举例说明。
4. 对于附着有多个属性的图块，如何更改其提示顺序？
5. 简述动态图块的作用。AutoCAD 2012 中提供了哪些动态参数和动作？如何为图块添加动作和参数？
6. 简述外部参照的作用。如何附着外部参照？
7. 利用前面所学的绘图命令，绘制如图 9-52 所示的休闲桌椅图形，并创建为图块。

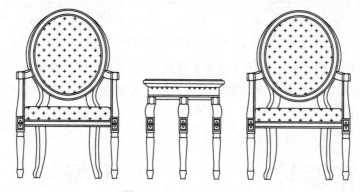

图 9-52　创建图块练习

8. 根据本章所学内容，完成如图 9-53 所示的房间平面图绘制。要求：为图中的门、窗图块添加属性并创建为动态图块，还要为标高符号定义属性。

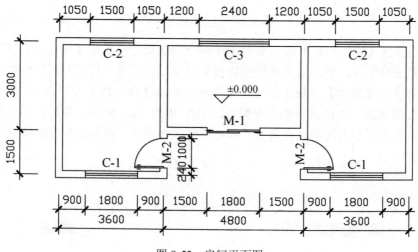

图 9-53　房间平面图

9.根据本章所学内容，完成如图 9-54 所示的机械零件图绘制。要求：为图中的"粗糙度"标注符号添加属性并创建为动态图块。

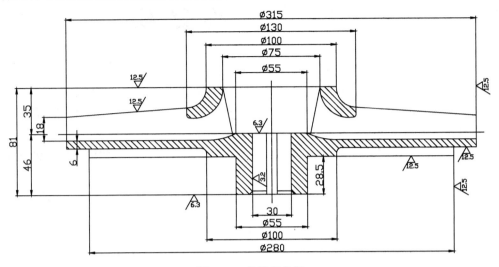

图 9-54 机械零件图

第10章 三 维 建 模

三维图形在工程图设计与绘制中的应用越来越广泛。AutoCAD 2012 提供了强大的三维图形绘制功能，用户可以利用实体模型、曲面模型和网格模型三种方式来创建三维图形。

通过三维空间，可以直观地表达产品的设计效果，可以从需要的任意角度观察模型，可以创建截面和二维图形，还可以对模型进行动态观察等。

本章主要介绍三维坐标系的应用、三维图形的观察，以及在三维建模环境中创建基本三维对象的方法。

10.1 三维绘图基础

10.1.1 三维模型的分类

三维模型是二维投影图立体形状的表达方式。根据三维模型的创建方法及存储方式不同，三维模型可以分为线框模型、曲面模型和实体模型三种类型。

1. 线框模型

线框模型是三维对象的轮廓描述，由对象的点、直线和曲线组成。在 AutoCAD 中可以通过在三维空间中绘制点、线、曲线的方式得到线框模型。线框模型只具有边的特征，没有面和体的特征，无法对其进行面积、体积、重心等计算，也不能进行消隐和渲染等操作。

2. 曲面模型

曲面模型是用来描述三维对象的，它不仅定义了三维对象的边界，还具有面的特征。曲面模型适用于创建较为复杂的曲面。它一般使用多边形网格定义镶嵌面。对于由网格构成的曲面，多边形网格越密，曲面的光滑程度越高。由于曲面模型具有面的特征，因此可以对其进行面积的计算、消隐、着色和渲染等操作。

3. 实体模型

实体模型是三维模型的最高级方式。实体模型包含信息最多，具有质量、体积、重心和惯性矩等特性。与传统的线框模型相比，复杂的实体形状更易于构造和编辑。如果需要，用户还可以将实体分解为面域、体、曲面和线框对象。

10.1.2 三维坐标系

AutoCAD 采用三维坐标系来确定点的位置，三维模型是建立在三维坐标中的。三维坐标系统包括有三维笛卡儿坐标系、圆柱坐标系和球面坐标系。

1. 三维笛卡儿坐标系

三维笛卡儿坐标系统，是在二维笛卡儿坐标系统的基础上增加了第三维坐标轴（*Z* 轴）后形成的，所以三维笛卡儿坐标（*X*、*Y*、*Z*）与二维笛卡儿坐标（*X*、*Y*）相似，只是增加了 *Z* 坐标轴。同样，也可以使用基于当前坐标系原点的绝对坐标值或基于上一个输入点的相对坐标值。与二维坐标一样，三维坐标也有世界坐标系和用户坐标系两种形式。

2. 圆柱坐标系

圆柱坐标系与二维极坐标系类似。它在垂直于 *XY* 平面的轴上指定另一个坐标。圆柱坐标通过定义某点在 *XY* 平面中与 UCS 原点的距离，在 *XY* 平面中与 *X* 轴所成的角度，以及 *Z* 值来定位该点。圆柱坐标的输入格式可采用"*XY* 平面距离<*XY* 平面角度，*Z* 坐标（绝对坐标）"和 "@*XY* 平面距离<*XY* 平面角度，*Z* 坐标（相对坐标）"两种方式，如图 10-1 所示。

3. 球面坐标系

球面坐标系与二维极坐标系类似。在确定某点时，应分别确定该点与当前坐标系原点的距离，二者连线在 *XY* 平面上的投影与 *X* 轴的角度，以及二者连线与 *XY* 平面的角度。球坐标的输入格式可采用 "*XYZ* 距离<*XY* 平面角度<和 *XY* 平面的夹角（绝对坐标）"、"@*XYZ* 距离<*XY* 平面角度<和 *XY* 平面的夹角（相对坐标）"，如图 10-2 所示。

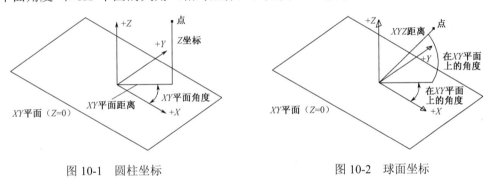

图 10-1　圆柱坐标　　　　　　　　图 10-2　球面坐标

10.1.3　观察三维模型

在三维空间中创建三维模型时，经常需要变换不同的视角来观察三维模型，这就需要用到三维视图观察工具。利用三维视图观察工具可以将目标定位在模型的指定方位，使用户从不同的角度、高度和距离查看图形中的对象。

1. 设置视点

在绘制二维图形时，所绘制的图形都是与 *XY* 平面相平行的。而在三维环境中，为了能够观察模型的局部结构，则需要改变视点。使用【视点】命令来设置观察方向的方式更为直观，用户可以直接指定视点坐标，系统会将观察者置于该视点位置上面向原点（0,0,0）方向观察图形。设置视点的命令操作方法如下：

- 从菜单栏中选择【视图】→【三维视图】→【视点】命令。
- 在命令窗口中输入 VPOINT 命令，按 Enter 键。

用户也可通过屏幕上显示的罗盘来定义视点，如图 10-3 所示。罗盘位于屏幕的右上角，它是一个平面显示的球体。罗盘上显示有一个小十字光标，用户可以使用鼠标移动这个十字光标到球体的任意位置。当移动光标时，坐标三轴架将会根据罗盘指示的观察方向旋转。如果要选择一个观察方向，可将鼠标指针移动到罗盘的适当位置后单击，窗口中的图形将根据视点位置变化同步更新。

利用罗盘定义视点时，可以在命令行中选择"旋转"选项，此时需要分别指定观察视线在 XY 平面中与 X 轴的夹角，以及观察视线与 XY 平面的夹角。

2. 设置视图

在编辑三维模型时，仅仅使用一个视图很难准确地观察对象，因此在创建三维模型前，通常先要对视图进行设置。用户可以切换至"三维建模"工作空间，利用【视图】选项卡上提供的选项进行设置。设置视图的命令操作方法如下：

- 从菜单栏中选择【视图】→【三维视图】命令，选择所需的视图类型。
- 在功能区【视图】选项卡的【视图】面板中选择所需的视图类型。
- 在命令窗口中输入 VIEW 命令，按 Enter 键。

用户可在【视图】工具面板左侧的"视图类型选择列表"中选择任意视图类型，如图 10-4 所示。

图 10-3　罗盘定义视点

图 10-4　视图类型

3. 视点预置

视点预置是指通过指定在 XY 平面中视点与 X 轴的夹角和视点与 XY 平面的夹角来设置三维观察方向。视点预置的命令操作方法如下：

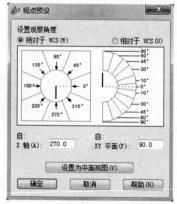

图 10-5　"视点预设"对话框

- 从菜单栏中选择【视图】→【三维视图】→【视点预设】命令。
- 在命令窗口中输入 DDVPOINT 命令，按 Enter 键。

执行【视点预设】命令，将会打开"视点预设"对话框，如图 10-5 所示。在该对话框中，用户可以用鼠标控制图形或直接在文本框中输入视点的角度值，相对于当前用户坐标系或相对于世界坐标系指定角度后，视角将自动更新。单击【设置为平面视图】按钮，将观察角度设置为相对于选中的坐标系显示平面视图。在该对话框中，用户可以在【X 轴】文本框中设置图形在 XY 平面中与 X 轴的夹角，在【XY 平面】

文本框中设置图形与 XY 平面的夹角。通过这两个夹角就可以得到一个相对于当前坐标系的特定三维视图。

10.2 创建基本实体

基本实体是指具有实心的对象。在 AutoCAD 2012 中，可以创建的基本三维实体对象有：长方体、圆锥体、圆柱体、球体、楔体、棱锥体和圆环体。由于实体能够更完整地、更准确地表达模型的特征，所包含的模型信息也更多，因此实体模型是当前三维造型领域最为先进的造型方式。

10.2.1 绘制长方体

使用【长方形】工具可以创建实心长方体或实心立方体。在绘制长方体时，始终将其底面绘制为与当前 UCS 的 XY 平面（工作平面）平行的状态。绘制长方体的操作方法如下：

- 从菜单栏中选择【绘图】→【建模】→【长方体】命令。
- 在功能区【常用】选项卡的【建模】面板中单击【长方体】按钮 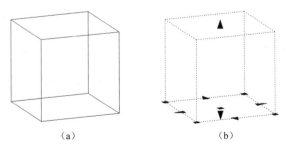。
- 在命令窗口中输入 BOX 命令，按 Enter 键。

例如，绘制一个边长为 100mm 的正方体，命令行提示如下：

  命令: _box（执行长方体命令）

  指定第一个角点或 [中心(C)]:（指定角点1）

  指定其他角点或 [立方体(C)/长度(L)]: @100,100,100（指定角点2）

在要求指定立方体第一个角点时，用户可以用鼠标直接指定，也可以选择使用"中心"方式创建对象。在要求指定其他角点时，用户可以在动态窗口中输入坐标值确定角点，也可以选择使用"立方体"方式，此时只需要输入立方体的边长即可创建一个长、宽、高相等的立方体。若使用"长度"方式，则会按照指定的长、宽、高创建长方体（长度与 X 轴对应，宽度与 Y 轴对应，高度与 Z 轴对应）。

完成命令操作，结果如图 10-6（a）所示。另外，用户还可以利用如图 10-6（b）所示长方体的夹点调整其长度、宽度和高度。

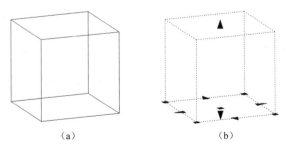

   （a）   （b）

图 10-6 正方体

10.2.2 绘制楔体

使用【楔体】工具可以创建面为矩形或正方形的楔形实体。绘制的楔体底面与当前 UCS

的 *XY* 平面平行，斜面正对第一个角点，楔体的高度与 *Z* 轴平行。绘制楔体的操作方法如下：

- 从菜单栏中选择【绘图】→【建模】→【楔体】命令。
- 在功能区【常用】选项卡的【建模】面板中单击【楔体】按钮 ◇ 楔体。
- 在命令窗口中输入 WEDGE 命令，按 Enter 键。

例如，绘制一个底面为 300mm×100mm，高度为 100mm 的楔形。命令行提示如下：

命令：_wedge（执行楔体命令）

指定第一个角点或 [中心(C)]：（单击任意一点，指定第一个角点）

指定其他角点或 [立方体(C)/长度(L)]：300,100（输入角点坐标）

指定高度或 [两点(2P)] <100>:100（输入楔体高度值）

执行该命令时，各选项的作用与绘制长方体时相同。完成命令操作，结果如图 10-7（a）所示。另外，用户还可以利用如图 10-7（b）所示楔体的夹点调整其底面尺寸和高度。

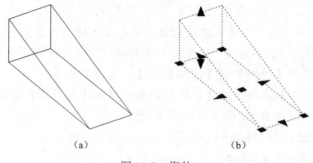

（a） （b）

图 10-7 楔体

10.2.3 绘制圆锥体

使用【圆锥体】工具可以创建底面为圆形或椭圆形的尖头圆锥体或圆台。在默认情况下，圆锥体的底面位于当前 UCS 的 *XY* 平面上，圆锥体的高度与 *Z* 轴平行。绘制圆锥体的操作方法如下：

- 从菜单栏中选择【绘图】→【建模】→【圆锥体】命令。
- 在功能区【常用】选项卡的【建模】面板中单击【圆锥体】按钮 △ 圆锥体。
- 在命令窗口中输入 CONE 命令，按 Enter 键。

例如，绘制一个底面半径为 100mm，高度为 200mm 的圆锥体，命令行提示如下：

命令：_cone（执行圆锥体命令）

指定底面的中心点或 [三点(3P)/两点(2P)/相切、相切、半径(T)/椭圆(E)]：（指定底面中心点）

指定底面半径或 [直径(D)] <50>: 100（指定圆锥体底面半径）

指定高度或 [两点(2P)/轴端点(A)/顶面半径(T)] <100>: 200（输入圆锥体高度值）

完成命令操作，结果如图 10-8（a）所示。用户可以利用如图 10-8（b）所示圆锥体的夹点调整其底面半径、顶面半径和高度。另外，在命令执行过程中，用户还可以通过指定圆锥体顶面半径来创建圆锥台。

例如，绘制一个底面半径为 100mm，顶面半径为 60mm，高度为 200mm 的圆锥台，命令行提示如下：

命令：_cone（执行圆锥体命令）

指定底面的中心点或 [三点(3P)/两点(2P)/相切、相切、半径(T)/椭圆(E)]：（指定底面中心点）

指定底面半径或 [直径(D)] <100>: 100 （指定底面半径）

指定高度或 [两点(2P)/轴端点(A)/顶面半径(T)] <100>: t （更改顶面半径来绘制圆台）

指定顶面半径 <0>: 60 （指定顶面半径）

指定高度或 [两点(2P)/轴端点(A)] <100>: 200 （输入高度值）

 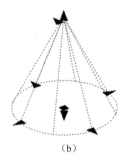

（a）　　　　　　　　　　　（b）

图 10-8　圆锥体

完成命令操作，结果如图 10-9（a）所示。用户还可以利用如图 10-9（b）所示圆锥台的夹点调整其底面半径和高度。

 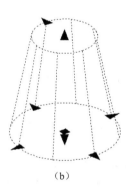

（a）　　　　　　　　　　　（b）

图 10-9　圆锥台

在绘制圆锥体时，用户可以选择使用"三点"、"两点"、"相切、相切、半径"、"椭圆"等多种方式绘制圆锥体的底面圆形，还可以通过指定半径或直径来绘制底面圆形。在提示指定圆锥体高度时，可以通过输入高度值或选择"两点"方式指定高度，圆锥体的高度为两个指定点之间的距离，也可选择"轴端点"方式指定高度，此时，可将轴端点指定为圆锥体的顶点或圆台顶面的中心点，轴端点可以位于三维空间的任意位置。

10.2.4　绘制棱锥体

使用【棱锥体】工具可以创建最多具有 32 个侧面的实体棱锥体。用户可以创建倾斜至一个点的棱锥体，也可以创建从底面倾斜至平面的棱台。绘制棱锥体的操作方法如下：

● 从菜单栏中选择【绘图】→【建模】→【棱锥体】命令。

● 在功能区【常用】选项卡的【建模】面板中单击【棱锥体】按钮 ◇ 棱锥体 。

● 在命令窗口中输入 PYRAMID 命令，按 Enter 键。

例如，创建一个底面外切圆半径为 100mm，高度为 200mm 的六棱锥体，命令行提示如下：

命令: _pyramid（执行棱锥体命令）

4 个侧面 外切

指定底面的中心点或 [边(E)/侧面(S)]: s（更改棱锥体侧面）

输入侧面数 <4>: 6（设定棱锥体侧面为 6）

指定底面的中心点或 [边(E)/侧面(S)]:（单击，指定底面中心点）

指定底面半径或 [内接(I)] <100>: 100（指定底面半径）

指定高度或 [两点(2P)/轴端点(A)/顶面半径(T)] <100>: 200（指定高度）

完成命令操作，结果如图 10-10（a）所示。用户还可以利用如图 10-10（b）所示六棱锥体的夹点调整其底面外切圆的半径和高度。

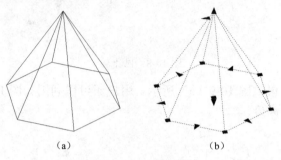

（a） （b）

图 10-10 六棱锥体

例如，创建一个底面外切圆半径为 100mm，顶面半径为 60mm，高度为 200mm 的六棱锥台，命令行提示如下：

命令: _pyramid（执行棱锥体命令）

4 个侧面 外切

指定底面的中心点或 [边(E)/侧面(S)]: s（更改棱锥体侧面）

输入侧面数 <4>: 6（设定棱锥台侧面为 6）

指定底面的中心点或 [边(E)/侧面(S)]:（单击，指定底面中心点）

指定底面半径或 [内接(I)] <100>: 100（指定底面半径）

指定高度或 [两点(2P)/轴端点(A)/顶面半径(T)] <100>: t（选择"顶面半径"选项）

指定顶面半径 <0>: 60（指定顶面半径）

指定高度或 [两点(2P)/轴端点(A)] <100>: 200（指定高度）

完成命令操作，结果如图 10-11（a）所示。用户还可以利用如图 10-11（b）所示六棱锥台的夹点调整其底面外切圆半径、顶面半径和高度。

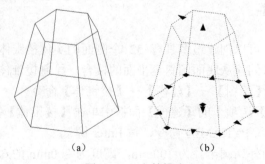

（a） （b）

图 10-11 六棱锥台

10.2.5　绘制圆柱体

使用【圆柱体】工具能创建以圆或椭圆为底面的圆柱体。在默认情况下，圆柱体的底面位于当前用户坐标系的 *XY* 平面上，圆柱体的高度与 *Z* 轴平行。绘制圆柱体的操作方法如下：

- 从菜单栏中选择【绘图】→【建模】→【圆柱体】命令。
- 在功能区【常用】选项卡的【建模】面板中单击【圆柱体】按钮 圆柱体。
- 在命令窗口中输入 CYLINDER 命令，按 Enter 键。

例如，绘制一个底面半径为 100，高度为 200mm 的圆柱体，命令行提示如下：

命令：_cylinder（执行圆柱体命令）

指定底面的中心点或 [三点(3P)/两点(2P)/相切、相切、半径(T)/椭圆(E)]：（指定底面中心点）

指定底面半径或 [直径(D)] <0>: 100　（指定圆柱体底面半径）

指定高度或 [两点(2P)/轴端点(A)] <100>: 200　（指定圆柱体高度）

执行该命令时，各选项的作用与绘制圆锥体时相同。完成命令操作，结果如图 10-12（a）所示。利用如图 10-12（b）所示圆柱体的夹点，用户可以任意调整其底面半径和高度。

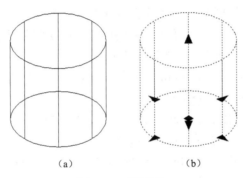

(a)　　　　　　　　　　(b)

图 10-12　圆柱体

10.2.6　绘制球体

使用【球体】工具可以创建实体球体。如果从圆心开始创建，球体的中心轴将与当前用户坐标系（UCS）的 *Z* 轴平行。绘制球体的操作方法如下：

- 从菜单栏中选择【绘图】→【建模】→【球体】命令。
- 在功能区【常用】选项卡的【建模】面板中单击【球体】按钮 球体。
- 在命令窗口中输入 SPHERE 命令，按 Enter 键。

例如，绘制一个半径为 100mm 的球体，命令行提示如下：

命令：_sphere（执行球体命令）

指定中心点或 [三点(3P)/两点(2P)/相切、相切、半径(T)]：（单击，指定中心点）

指定半径或 [直径(D)] <100>: 100　（指定球体半径）

完成命令操作，结果如图 10-13（a）所示。另外，用户可以选择使用"三点"、"两点"、"相切、相切、半径"等多种方式绘制球体。用户还可以利用如图 10-13（b）所示球体的夹点调整其半径。

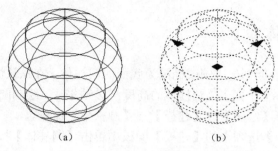

(a)   (b)

图 10-13　球体

10.2.7　绘制圆环体

使用【圆环体】工具可以创建圆环体。圆环体具有两个半径值，一个值定义圆管，另一个值定义从圆环体的圆心到圆管的圆心之间的距离。如果输入的圆管半径大于圆环体半径，则圆环体可以自交，自交的圆环体没有中心孔。圆环体常用于创建类似于轮胎内胎的环形实体。绘制圆环体的操作方法如下：

- 从菜单栏中选择【绘图】→【建模】→【圆环体】命令。
- 在功能区【常用】选项卡的【建模】面板中单击【圆环体】按钮 ⊚ 圆环体 。
- 在命令窗口中输入 TORUS 命令，按 Enter 键。

例如，绘制一个圆环半径为 100mm，圆管半径为 30mm 的圆环体，命令行提示如下：

命令：_torus（执行圆环体命令）

指定中心点或 [三点(3P)/两点(2P)/切点、切点、半径(T)]：（单击，指定圆环中心点）

指定半径或 [直径(D)] <100>：100（指定圆环体半径）

指定圆管半径或 [两点(2P)/直径(D)]：30（将圆管半径设为 30）

执行该命令时，各选项的作用与绘制球体时相同。完成命令操作，结果如图 10-14（a）所示。用户还可以利用如图 10-14（b）所示圆环体的夹点调整圆环半径及圆管半径。

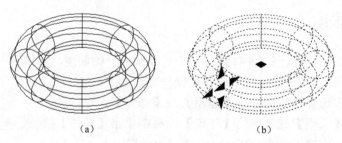

(a)   (b)

图 10-14　圆环体

10.2.8　绘制多段体

利用【多段体】工具可以通过指定路径来创建矩形截面实体，常用来创建三维墙体。在默认情况下，多段体始终带有一个矩形轮廓，用户可以指定轮廓的高度和宽度。绘制多段体的操作方法如下：

- 从菜单栏中选择【绘图】→【建模】→【多段体】命令。

● 在功能区【常用】选项卡的【建模】面板中单击【多段体】按钮 <u>⑦ 多段体</u>。
● 在命令窗口中输入 POLYSOLID 命令，按 Enter 键。

例如，使用【多段体】命令创建一个建筑物墙体轮廓，命令行提示如下：

命令: _polysolid 高度 = 4.0000, 宽度 = 0.2500, 对正 = 居中 <u>（执行多段体命令）</u>

指定起点或 [对象(O)/高度(H)/宽度(W)/对正(J)] <对象>: h <u>（选择高度设置选项）</u>

指定高度 <4.0000>: 2400 <u>（在动态输入窗口中输入墙体高度2400）</u>

高度 = 2400.0000, 宽度 = 5.0000, 对正 = 居中

指定起点或 [对象(O)/高度(H)/宽度(W)/对正(J)] <对象>: w <u>（选择宽度设置选项）</u>

指定宽度 <0.2500>: 240 <u>（在动态输入窗口中输入墙体宽度为240）</u>

高度 = 2400.0000, 宽度 = 240.0000, 对正 = 居中

指定起点或 [对象(O)/高度(H)/宽度(W)/对正(J)] <对象>: <u>（单击设定墙体起点）</u>

指定下一个点或 [圆弧(A)/放弃(U)]: 3000 <u>（输入墙体长度）</u>

指定下一个点或 [圆弧(A)/放弃(U)]: 2400 <u>（输入墙体长度）</u>

指定下一个点或 [圆弧(A)/放弃(U)]: 750 <u>（输入墙体长度）</u>

指定下一个点或 [圆弧(A)/放弃(U)]: 600 <u>（输入墙体长度）</u>

指定下一个点或 [圆弧(A)/放弃(U)]: 1500 <u>（输入墙体长度）</u>

指定下一个点或 [圆弧(A)/放弃(U)]: 600 <u>（输入墙体长度）</u>

指定下一个点或 [圆弧(A)/放弃(U)]: 750 <u>（输入墙体长度）</u>

指定下一个点或 [圆弧(A)/闭合(C)/放弃(U)]: c <u>（自动闭合，按 Enter 完成绘制）</u>

完成命令操作，结果如图 10-15（a）所示。用户可以利用多段体的夹点调整其墙体厚度、高度和墙体位置，方便地修改房间平面形状和尺寸，如图 10-15（b）所示。

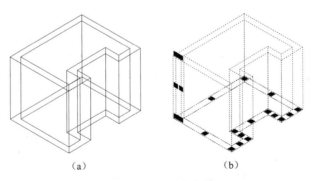

（a）   （b）

图 10-15 绘制多段体

另外，可以利用【多段体】命令将二维线条转换为多段体对象。首先绘制表示墙线的平面轮廓，如图 10-16（a）所示，然后利用【多段体】功能进行转换。命令行提示如下：

命令: _polysolid 高度 = 4.0000, 宽度 = 0.2500, 对正 = 居中 <u>（执行多段体命令）</u>

指定起点或 [对象(O)/高度(H)/宽度(W)/对正(J)] <对象>: h <u>（选择高度设置选项）</u>

指定高度 <4.0000>: 2400 <u>（在动态输入窗口中输入墙体高度2400）</u>

高度 = 2400.0000, 宽度 = 5.0000, 对正 = 居中

指定起点或 [对象(O)/高度(H)/宽度(W)/对正(J)] <对象>: w <u>（选择宽度设置选项）</u>

指定宽度 <0.2500>: 240 <u>（在动态输入窗口中输入墙体宽度为240）</u>

高度 = 2400.0000, 宽度 = 240.0000, 对正 = 居中

指定起点或 [对象(O)/高度(H)/宽度(W)/对正(J)] <对象>: o（选择对象选项）

选择对象:（光标拾取已绘制的多段线对象，即可将该多段线对象转换为多段体）

完成命令操作，结果如图 10-16（b）所示。

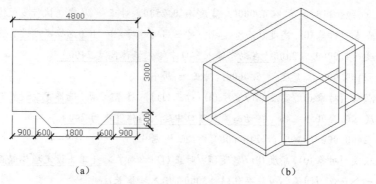

（a）   （b）

图 10-16　生成多段体

10.3　二维图形创建实体

除了利用上述各种基本实体工具进行简单实体模型的创建外，还可以利用二维图形对象来创建三维实体。用户可以通过使用拉伸、旋转、放样、扫掠等方法来生成复杂的三维实体造型。

10.3.1　拉伸实体

用户可以通过拉伸已选定的对象来创建实体和曲面。如果拉伸闭合对象，则生成的对象为实体。如果拉伸开放对象，则生成的对象为曲面。如果拉伸具有一定宽度的多段线，则将忽略宽度并从多段线路径的中心拉伸多段线。如果拉伸具有一定厚度的对象，则将忽略厚度。拉伸实体的操作方法如下：

- 从菜单栏中单击【绘图】→【建模】→【拉伸】命令。
- 在功能区【常用】选项卡的【建模】面板中单击【拉伸】按钮 🔲拉伸。
- 在命令窗口中输入 EXTRUDE 命令，按 Enter 键。

拉伸对象时，用户可以通过指定拉伸路径、倾斜角或方向来创建三维对象。

① 指定拉伸路径。使用"路径"选项，可以通过指定路径曲线，将轮廓曲线沿该路径曲线创建拉伸实体。其中，路径曲线不能与轮廓线共面。例如，根据绘制的零件轮廓线和路径，如图 10-17（a）所示，通过拉伸生成三维图形。命令行提示如下：

命令: _extrude（执行拉伸命令）

当前线框密度:　ISOLINES=8，闭合轮廓创建模式 = 实体

选择要拉伸的对象或 [模式(MO)]: _mo 闭合轮廓创建模式 [实体(SO)/曲面(SU)] <实体>: _so

选择要拉伸的对象: 找到 1 个（选择零件轮廓线）

选择要拉伸的对象:（按 Enter 键结束选择）

指定拉伸的高度或 [方向(D)/路径(P)/倾斜角(T)] <100.0000>: p（选择路径方式）

选择拉伸路径或 [倾斜角]:（拾取拉伸路径轮廓）

完成命令操作，结果如图 10-17（b）所示。

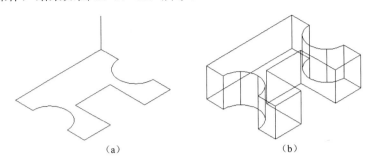

图 10-17　指定路径拉伸

② 指定拉伸倾斜角。使用"倾斜角"选项，可以生成具有一定倾斜角度的实体或曲面。根据绘制的零件轮廓线，如图 10-18（a）所示，通过拉伸生成三维图形。命令行提示如下：

命令：_extrude（执行拉伸命令）

当前线框密度： ISOLINES=8，闭合轮廓创建模式 = 实体

选择要拉伸的对象或 [模式(MO)]：_mo 闭合轮廓创建模式 [实体(SO)/曲面(SU)] <实体>：_so

选择要拉伸的对象： 找到 1 个（选择零件轮廓线）

选择要拉伸的对象： （按 Enter 键结束选择）

指定拉伸的高度或 [方向(D)/路径(P)/倾斜角(T)] <100.0000>：t（选择倾斜角方式）

指定拉伸的倾斜角度或 [表达式(E)] <0.0000>：20（指定倾斜角度）

指定拉伸的高度或 [方向(D)/路径(P)/倾斜角(T)/表达式(E)] <10.0000>：20（指定倾斜高度）

完成命令操作，结果如图 10-18（b）所示。

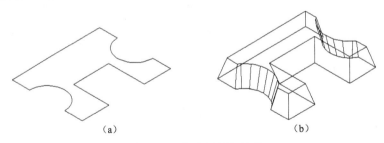

图 10-18　指定倾斜角拉伸

③ 指定拉伸方向。使用"方向"选项，可以指定两个点以设定拉伸的长度和方向。例如，根据绘制的零件轮廓线，如图 10-19（a）所示，通过拉伸生成三维图形。命令行提示如下：

命令：_extrude（执行拉伸命令）

当前线框密度： ISOLINES=8，闭合轮廓创建模式 = 实体

选择要拉伸的对象或 [模式(MO)]：_mo 闭合轮廓创建模式 [实体(SO)/曲面(SU)] <实体>：_so

选择要拉伸的对象或 [模式(MO)]： 找到 1 个（选择零件轮廓线）

选择要拉伸的对象或 [模式(MO)]：（按 Enter 键结束选择）

指定拉伸的高度或 [方向(D)/路径(P)/倾斜角(T)/表达式(E)] <10.0000>：d（选择方向方式）

指定方向的起点：（单击拉伸方向第一点）

指定方向的端点：（单击拉伸方向第二点）

完成命令操作，结果如图 10-19（b）所示。

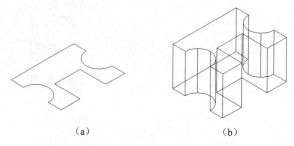

（a）　　　　　　　　　　（b）

图 10-19　指定拉伸方向

10.3.2　放样实体

放样实体是指将横截面沿指定的路径或导向运动扫描所获得的三维实体或曲面。横截面轮廓可以是开放曲线或闭合曲线，开放曲线可创建曲面，而闭合曲线可创建实体或曲面。在进行放样时，使用的横截面必须全部开放或全部闭合，不能使用既包含开放曲线又包含闭合曲线的选择集。另外，为放样操作指定路径可以更好地控制放样对象的形状。为获得最佳结果，路径曲线应始于第一个横截面所在的平面，止于最后一个横截面所在的平面。注意，在创建放样横截面轮廓时，应将多个横截面绘制在不同的平面内。放样实体的操作方法如下：

- 从菜单栏中选择【绘图】→【建模】→【放样】命令。
- 在功能区【常用】选项卡的【建模】面板中单击【放样】按钮 _{放样}。
- 在命令窗口中输入 LOFT 命令，按 Enter 键。

① 指定仅横截面放样。该方法仅指定一系列横截面来创建实体。例如，通过三个在不同平面上的矩形来生成实体。首先将视图切换到"俯视"，任意绘制三个矩形作为放样横截面，绘制完成后将它们分别移动到适当的高度，保证每个横截面均不在同一个平面内，如图 10-20（a）所示。执行放样命令，命令行提示如下：

命令：_loft（执行放样命令）

当前线框密度： ISOLINES=8，闭合轮廓创建模式 = 实体

按放样次序选择横截面或 [点 (PO) /合并多条边 (J) /模式 (MO)]：_mo 闭合轮廓创建模式 [实体 (SO) /曲面 (SU)] <实体>：_so

按放样次序选择横截面或 [点 (PO) /合并多条边 (J) /模式 (MO)]： 找到 1 个（依次单击横截面）

按放样次序选择横截面或 [点 (PO) /合并多条边 (J) /模式 (MO)]： 找到 1 个，总计 3 个

按放样次序选择横截面或 [点 (PO) /合并多条边 (J) /模式 (MO)]：（按 Enter 键完成对象选择）

选中了 3 个横截面

输入选项 [导向 (G) /路径 (P) /仅横截面 (C) /设置 (S)] <仅横截面>：c（选择仅横截面方式）

用户还可以通过放样设置功能指定多个参数来限制实体的形状，如设置直纹、平滑拟合、法线指向和拔模斜度等参数。完成命令操作，结果如图 10-20 所示。

直纹：指定实体或曲面在横截面之间是直线纹路，并且在横截面处具有鲜明边界。

平滑拟合：指定在横截面之间绘制平滑实体或曲面，并且在起点横截面和端点横截面处具有鲜明边界。

法线指向：控制实体或曲面在其通过横截面处的曲面法线。

拔模斜度：控制放样实体或曲面的第一个和最后一个横截面的拔模斜度和幅值。拔模斜

度为曲面的开始方向。

②指定路径放样。该方法通过指定放样操作的路径来控制放样实体的形状的。要求路径曲线应始于第一个横截面所在平面，止于最后一个横截面所在平面，并且路径曲线必须与横截面的所有平面相交。例如，在不同的平面任意绘制三个图形作为横截面，并绘制一条直线作为放样路径，如图10-21（a）所示。执行放样命令，命令行提示如下：

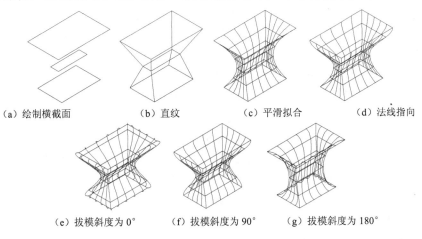

（a）绘制横截面　　　　　（b）直纹　　　　　（c）平滑拟合　　　　　（d）法线指向

（e）拔模斜度为0°　　　（f）拔模斜度为90°　　　（g）拔模斜度为180°

图10-20　指定横截面放样

命令：_loft（执行放样命令）

当前线框密度：ISOLINES=8，闭合轮廓创建模式 = 实体

按放样次序选择横截面或 [点(PO)/合并多条边(J)/模式(MO)]：_mo 闭合轮廓创建模式 [实体(SO)/曲面(SU)] <实体>：_so

按放样次序选择横截面或 [点(PO)/合并多条边(J)/模式(MO)]：找到 1 个（依次单击横截面）

按放样次序选择横截面或 [点(PO)/合并多条边(J)/模式(MO)]：找到 1 个，总计 2 个

按放样次序选择横截面或 [点(PO)/合并多条边(J)/模式(MO)]：找到 1 个，总计 3 个

按放样次序选择横截面或 [点(PO)/合并多条边(J)/模式(MO)]：（按Enter键完成对象选择）

选中了 3 个横截面

输入选项 [导向(G)/路径(P)/仅横截面(C)/设置(S)] <仅横截面>：p（选择路径方式）

选择路径轮廓：（单击绘制的路径对象）

完成命令操作，结果如图10-21（b）所示。

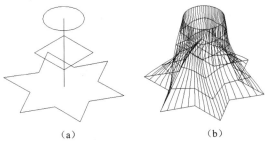

（a）　　　　　　　　　（b）

图10-21　指定路径放样

10.3.3　旋转实体

利用【旋转】功能，用户可以通过绕指定轴旋转开放或闭合的平面曲线来创建新的实体

或曲面。如果旋转闭合对象，则生成实体；如果旋转开放对象，则生成曲面。旋转实体的操作方法如下：

- 从菜单栏中选择【绘图】→【建模】→【旋转】命令。
- 在功能区【常用】选项卡的【建模】面板中单击【旋转】按钮 旋转。
- 在命令窗口中输入 REVOLVE 命令，按 Enter 键。

例如，利用【旋转】功能创建一个三维轴。首先用多段线命令在俯视图中绘制轴的轮廓线和旋转轴，如图 10-22（a）所示，然后利用该功能将其创建为三维轴。命令行提示如下：

命令: _revolve（执行旋转命令）

当前线框密度: ISOLINES=4，闭合轮廓创建模式 = 实体

选择要旋转的对象或 [模式(MO)]: _mo 闭合轮廓创建模式 [实体(SO)/曲面(SU)] <实体>: _so

选择要旋转的对象或 [模式(MO)]: 找到 1 个（选择绘制的轮廓线对象）

选择要旋转的对象或 [模式(MO)]:（按 Enter 键结束选择）

指定轴起点或根据以下选项之一定义轴 [对象(O)/X/Y/Z] <对象>: o（选择对象选项）

选择对象:（单击回转轴对象）

指定旋转角度或 [起点角度(ST)/反转(R)/表达式(EX)] <360>: 360（默认旋转一周）

完成命令操作，结果如图 10-22（b）所示。默认视觉模式为【二维线框】，应将视觉样式设为【灰度】，结果如图 11-22（c）所示。

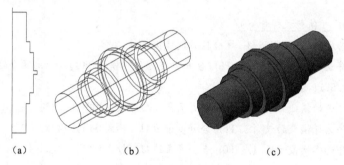

（a） （b） （c）

图 10-22 旋转创建实体

10.3.4 扫掠实体

可以利用【扫掠实体】功能沿路径扫掠平面曲线（轮廓）来创建实体或曲面。沿路径扫掠轮廓时，轮廓将被移动并与路径法向（垂直）对齐。如果沿一条路径扫掠闭合的曲线，则生成实体；如果沿一条路径扫掠开放的曲线，则生成曲面。扫掠实体的操作方法如下：

- 从菜单栏中选择【绘图】→【建模】→【扫掠】命令。
- 在功能区【常用】选项卡的【建模】面板中单击【扫掠】按钮 扫掠。
- 在命令窗口中输入 SWEEP 命令，按 Enter 键。

例如，利用【扫掠】功能绘制一个弹簧。首先用【圆形】命令在前视图中绘制一个表示弹簧截面的圆形轮廓，然后在俯视图中利用【螺旋】命令绘制一条螺旋线作为螺纹扫掠路径，如图 10-23（a）所示。执行扫掠命令，命令行提示如下：

命令: _sweep（执行扫掠命令）

当前线框密度: ISOLINES=4，闭合轮廓创建模式 = 实体

选择要扫掠的对象或 [模式(MO)]: _mo 闭合轮廓创建模式 [实体(SO)/曲面(SU)] <实体>: _so

选择要扫掠的对象或 [模式(MO)]: 找到 1 个（选取绘制的圆形轮廓）

选择要扫掠的对象或 [模式(MO)]:（按 Enter 键完成对象选择）

选择扫掠路径或 [对齐(A)/基点(B)/比例(S)/扭曲(T)]:（选择螺旋线作为扫掠路径）

完成命令操作，结果如图 10-23（b）所示。

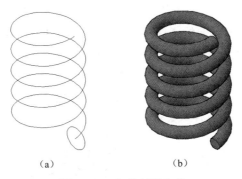

（a）　　　　　　　（b）

图 10-23　扫掠创建实体

在提示选择扫掠路径时，选择"对齐"选项，如果轮廓与扫掠路径不在同一平面上，需要指定轮廓与扫掠路径对齐的方式；选择"基点"选项，可以在轮廓上指定基点，以便沿轮廓进行扫掠；选择"比例"选项，可以指定从开始扫掠到结束扫掠将更改对象大小的值；选择"扭曲"选项，可以通过输入扭曲角度，使对象沿轮廓长度进行旋转。

实训 10

1．创建支座模型

利用多段线、矩形、圆、夹点编辑等二维绘图命令和拉伸、布尔运算等三维建模命令，创建一个"支座"三维示意图。具体的操作步骤如下。

1）打开 AutoCAD 2012 中文版，新建一个图形文件，将工作空间选定为"三维建模"。

2）在功能区【常用】选项卡的【绘图】面板中单击【圆形】按钮，绘制两个半径分别为 25 和 40 的同心圆，如图 10-24 所示。

3）在功能区【常用】选项卡的【绘图】面板中单击【矩形】按钮，绘制两个尺寸分别为 120×80 和 40×30 的矩形，如图 10-24 所示。

4）选中矩形对象，激活其夹点状态，将光标移动到多功能夹点上，并在弹出的快捷菜单中选择【转换为圆弧】命令，如图 10-25 所示，并将半径设为 40。依次将两个矩形的竖直边转换为圆弧，将较小矩形的圆弧半径设为 15。结果如图 10-26 所示。

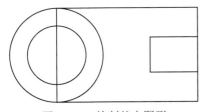

图 10-24　绘制基本图形

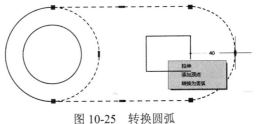

图 10-25　转换圆弧

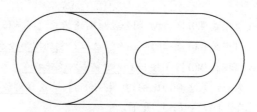

图 10-26　基本图形编辑

5）在功能区【常用】选项卡的【建模】面板中单击【拉伸】命令 ，选择图形左侧的两个圆形进行拉伸，并根据提示将拉伸高度设为 60；选择图形右侧的两个进行圆角处理的矩形进行拉伸，并将拉伸高度设为 20。如图 10-27（a）所示为二维线框视觉样式。

6）在功能区【常用】选项卡的【视图】面板中单击【三维导航】按钮 ，将其设为"东南等轴测"，并单击【视觉样式】按钮 ，将其设为"真实"，如图 10-27（b）所示。

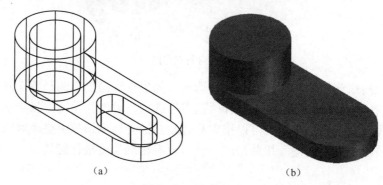

（a）　　　　　　　　　　　　　　　　（b）

图 10-27　实体拉伸

图 10-28　创建支座模型

7）在功能区【常用】选项卡的【实体编辑】面板中单击【差集】按钮 ，对生成的三维图形进行处理。结果如图 10-28 所示。

8）完成上述操作，将图形保存至指定位置，文件名为"支座模型"。

2．创建铅笔模型

利用多段线、夹点编辑、实体旋转等命令，创建一个"铅笔"三维示意图。具体的操作步骤如下。

1）打开 AutoCAD 2012 中文版，新建一个图形文件，将工作空间选定为"三维建模"。

2）在功能区【常用】选项卡的【建模】面板单击【球体】按钮 ，绘制一个半径为 6 的球体；单击【圆柱体】按钮 ，绘制一个半径为 5.1，高度为 15 的圆柱体。通过【特性】选项板将球体的颜色设为 254 号色，将圆柱体的颜色设为 40 号色。二维线框视觉样式如图 10-29（a）所示，真实视觉样式如图 10-29（b）所示。

3）在功能区【常用】选项卡的【绘图】面板中单击【多边形】按钮 ，绘制一个外接圆半径为 5 的正六边形。在【建模】面板中单击【拉伸】按钮 ，对正六边形进行拉伸，拉伸高度为 100，将生成的六棱柱颜色设为 94 号色。二维线框视觉样式如图 10-30（a）所示，真实视觉样式如图 10-30（b）所示。

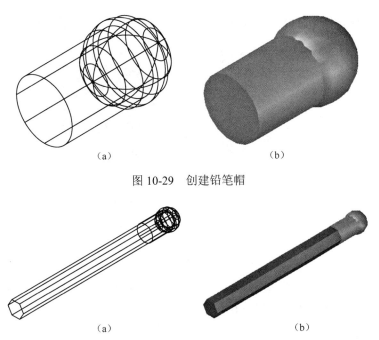

（a）　　　　　　　　　　　（b）

图 10-29　创建铅笔帽

（a）　　　　　　　　　　　（b）

图 10-30　创建铅笔杆

4）在功能区【常用】选项卡的【建模】面板中单击【圆锥体】按钮 △ 圆锥体 ，创建铅笔头。首先绘制一个底面半径为 5，顶面半径为 1.5，高度为 18 的圆锥台，将其颜色设为 51 号色。再绘制一个底面半径为 1.5，顶面半径为 0.2，高度为 5 的圆锥体，将其颜色设为 250 号色。

5）在功能区【常用】选项卡的【实体编辑】面板中单击【并集】按钮 ⑩ ，将前面所绘制的对象合并。二维线框视觉样式如图 10-31（a）所示，真实视觉样式如图 10-31（b）所示。

（a）　　　　　　　　　　　（b）

图 10-31　创建铅笔模型

6）完成上述操作，将图形保存至指定位置，文件名为"铅笔模型"。

练习题 10

1. 三维坐标系有哪几种？它们有什么区别？
2. 在创建三维图形对象时，用户如何设置视点？
3. 通过拉伸命令来创建实体时，可利用哪几种方式实现？它们的区别是什么？
4. 什么是放样实体？用户可以利用哪两种方式来创建放样实体？
5. 利用扫掠命令如何创建实体和曲面？

6. 利用圆柱体、移动、特性等命令，绘制如图 10-32 所示的三维圆凳示意图并保存至指定位置。

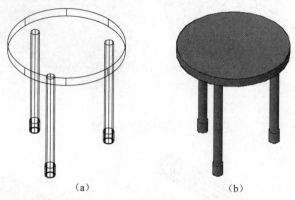

（a） （b）

图 10-32 三维圆凳示意图

7. 利用多段线、旋转实体等命令，绘制如图 10-33 所示的三维轴示意图并保存至指定位置。注：图（a）为基本轮廓，图（b）为三维轴建模。

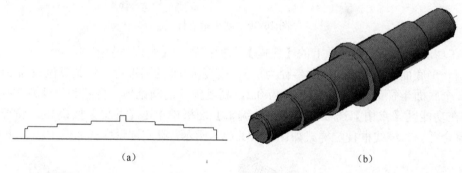

（a） （b）

图 10-33 三维轴示意图

8. 利用多段线、拉伸命令或多段体命令，绘制如图 10-34 所示的三维房间示意图并保存至指定位置。注：图（a）为绘制多段体，图（b）为三维视图。

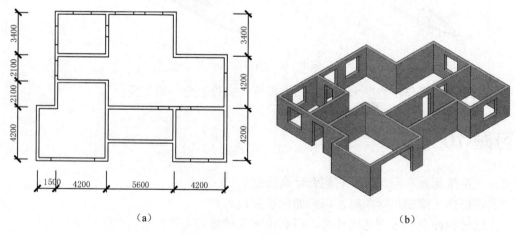

（a） （b）

图 10-34 三维房间示意图

9．利用多段线、矩形、圆等基本二维绘图命令及长方体、圆柱体、实体拉伸、布尔运算等三维绘图命令，绘制如图 10-35 所示的三维支架示意图并保存至指定位置。

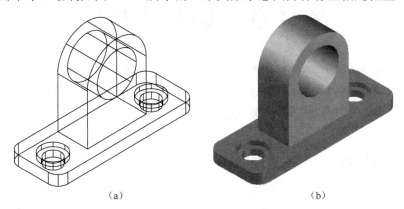

（a）   （b）

图 10-35　三维支架示意图

第11章　编辑三维图形

利用基本实体工具创建的三维模型只是简单的模型堆砌，为了更准确、更有效地创建复杂三维对象，需要使用三维编辑工具对实体进行移动、复制、缩放、拉伸和阵列等编辑操作。另外，利用三维编辑工具还可以对三维对象进行布尔运算、剖切、抽壳等高级编辑操作。

11.1 布尔运算

三维对象的布尔操作用于确定建模过程中多个对象之间的组合关系。通过布尔运算可以将多个形体组合为一个形体，以实现一些特殊的造型效果。布尔运算包括并集、差集和交集三个基本运算方式。

11.1.1 并集运算

使用【并集】命令可以将两个或多个三维实体、曲面或二维面域合并为一个组合三维实体、曲面或面域。在使用该命令时，必须选择类型相同的对象进行合并。【并集】运算的操作方法如下：

- 从菜单栏中选择【修改】→【实体编辑】→【并集】命令。
- 在功能区【常用】选项卡的【实体编辑】面板中单击【并集】按钮 。
- 在命令窗口中输入 UNION 命令，按 Enter 键。

例如，利用并集运算功能，将如图 11-1（a）所示的两个长方体组合成为一体。命令行提示如下：

命令: _union（执行并集命令）
选择对象: 找到 1 个（选择第一个长方体）
选择对象: 找到 1 个，总计 2 个（选择第二个长方体）
选择对象:（按 Enter 键结束选择）

完成命令操作，结果如图 11-1（b）所示。

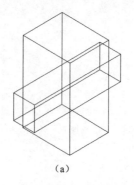
（a）

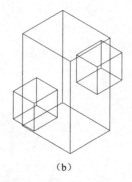
（b）

图 11-1　并集运算

11.1.2　差集运算

使用【差集】命令可以从第一个选择集中的对象减去第二个选择集中的对象，即创建一个新的三维实体、曲面或面域。【差集】运算的操作方法如下：

- 从菜单栏中选择【修改】→【实体编辑】→【差集】命令。
- 在功能区【常用】选项卡的【实体编辑】面板中单击【差集】按钮 ⑩。
- 在命令窗口中输入 SUBTRACT 命令，按 Enter 键。

例如，利用该功能，从一个长方体中减去另一个长方体，如图 11-2（a）所示。命令行提示如下：

> 命令：_subtract 选择要从中减去的实体或面域...（执行差集命令）
>
> 选择对象：找到 1 个（选择第一个长方体）
>
> 选择对象：（按 Enter 键结束选择）
>
> 选择要减去的实体或面域 ..
>
> 选择对象：找到 1 个（选择第二个长方体）
>
> 选择对象：（按 Enter 键结束选择）

完成命令操作，结果如图 11-2（b）所示。

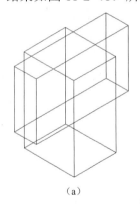 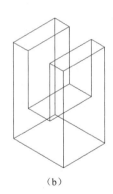

（a）　　　　　　　　　　　　（b）

图 11-2　差集运算

11.1.3　交集运算

使用【交集】命令可以从两个或两个以上现有的三维实体、曲面或面域的公共部分创建三维实体。【交集】运算的操作方法如下：

- 从菜单栏中选择【修改】→【实体编辑】→【交集】命令。
- 在功能区【常用】选项卡的【实体编辑】面板中单击【交集】按钮 ⑩。
- 在命令窗口中输入 INTERSECT 命令，按 Enter 键。

例如，利用该功能，从如图 11-3（a）所示的两个或多个实体的相交部分取得实体。命令行提示如下：

> 命令：_intersect（执行交集命令）
>
> 选择对象：找到 2 个（框选要进行交集的两个对象）
>
> 选择对象：（按 Enter 键结束选择）

完成命令操作，结果如图 11-3（b）所示。

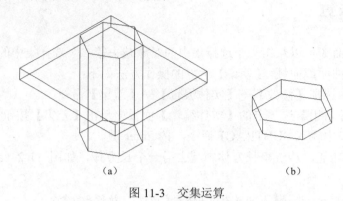

（a） （b）

图 11-3 交集运算

11.1.4 干涉检查

在装配过程中，模型与模型之间可能存在干涉现象，因而在执行两个或多个模型的装配时，需要进行干涉检查操作，检查两个或多个实体之间的干涉情况，以便及时调整模型的尺寸和相对位置，达到准确的装配效果。【干涉检查】的操作方法如下：

- 从菜单栏中选择【修改】→【三维操作】→【干涉检查】命令。
- 在功能区【常用】选项卡的【实体编辑】面板中单击【干涉】按钮 。
- 在命令窗口中输入 INTERFERE 命令，按 Enter 键。

例如，利用该功能，对已绘制的三维图形进行干涉检查。注意，在检查过程中，用户可以使用【干涉检查】对话框在干涉对象之间切换或缩放干涉对象，还可以指定干涉检查过程中是否删除创建的临时对象。命令行提示如下：

命令：_interfere（执行干涉检查命令）

选择第一组对象或 [嵌套选择(N)/设置(S)]：找到 1 个（选择第一组对象）

选择第一组对象或 [嵌套选择(N)/设置(S)]：（按 Enter 键结束选择）

选择第二组对象或 [嵌套选择(N)/检查第一组(K)] <检查>：找到 1 个（选择第二组对象）

选择第二组对象或 [嵌套选择(N)/检查第一组(K)] <检查>：（按 Enter 键结束选择）

完成命令操作，结果如图 11-4 所示，图中亮显部分即为两个矩形相交的部分。在显示检查效果的同时，将会打开【干涉检查】对话框，如图 11-5 所示。

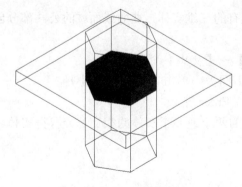

图 11-4 干涉检查

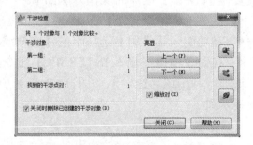

图 11-5 【干涉检查】对话框

11.2 编辑三维对象

在绘制较为复杂的三维对象时，用户需要使用三维编辑命令来实现较为复杂的造型。在 AutoCAD 2012 中，提供了实体的移动、镜像、阵列、旋转、倒角边和圆角边等编辑功能。

11.2.1 三维移动

使用【三维移动】命令，用户可以将指定模型沿 *X*、*Y*、*Z* 轴或其他任意方向移动，也可以沿轴线、面或在任意两点间移动，从而准确定位模型在三维空间中的位置。【三维移动】的操作方法如下：

- 从菜单栏中选择【修改】→【三维操作】→【三维移动】命令。
- 在功能区【常用】选项卡的【修改】面板中单击【三维移动】按钮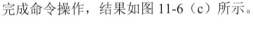。
- 在命令窗口中输入 3DMOVE 命令，按 Enter 键。

例如，利用该功能，将指定对象沿另一个对象的轴向进行移动。此时，用户可以通过指定距离、指定轴向、指定平面三种方式实现三维对象的移动。命令行提示如下：

命令：_3dmove（执行三维移动命令）

选择对象：找到 1 个（选择要移动的对象，如图 11-6（a）所示）

选择对象：（按 Enter 键完成对象选择）

指定基点或 [位移(D)] <位移>：（将光标悬停在指定对象的坐标轴上，如图 11-6（b）所示，单击确定基点）

** 移动 **（移动光标，即可完成对象的移动）

指定移动点或 [基点(B)/复制(C)/放弃(U)/退出(X)]：正在重生成模型。

完成命令操作，结果如图 11-6（c）所示。

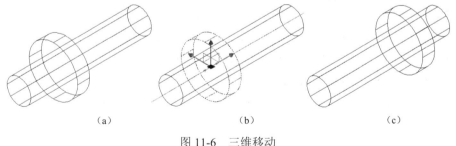

（a）　　　　　　　　　　（b）　　　　　　　　　　（c）

图 11-6　三维移动

11.2.2 三维镜像

使用【三维镜像】命令，能够将三维对象通过镜像平面创建与之完全相同的对象。其中，镜像平面可以是与当前 UCS 的 *XY*、*YZ* 或 *XZ* 平面平行的平面或由三个指定点定义的任意平面。【三维镜像】的操作方法如下：

- 从菜单栏中选择【修改】→【三维操作】→【三维镜像】命令。
- 在功能区【常用】选项卡的【修改】面板中单击【三维镜像】按钮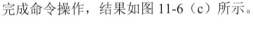。

● 在命令窗口中输入 MIRROR3D 命令，按 Enter 键。

例如，利用该功能，对如图 11-7（a）所示的墙体进行镜像操作。命令行提示如下：

命令：_mirror3d（执行三维镜像命令）

选择对象：找到 1 个（单击要镜像的对象）

选择对象：（按 Enter 键结束选择）

指定镜像平面（三点）的第一个点或 [对象(0)/最近的(L)/Z 轴(Z)/视图(V)/XY 平面(XY)/YZ 平面(YZ)/ZX 平面(ZX)/三点(3)] <三点>：（单击第一点，也可以指定镜像平面为 YZ 平面）

在镜像平面上指定第二点：在镜像平面上指定第三点：（依次单击第二点和第三点）

是否删除源对象？[是(Y)/否(N)] <否>：n（不删除源对象）

完成命令操作，结果如图 11-7（b）所示。

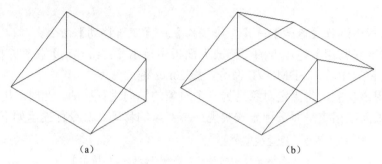

（a）　　　　　　　　　　　　　（b）

图 11-7　三维镜像

11.2.3　三维阵列

使用【三维阵列】命令，用户可以在三维空间中按矩形阵列或环形阵列的方式，创建指定对象的多个副本。进行三维阵列时，除了指定行列数目和间距以外，还可指定层数和层间距。【三维阵列】的操作方法如下：

● 从菜单栏中选择【修改】→【三维操作】→【三维阵列】命令。

● 在功能区【常用】选项卡的【修改】面板中单击【三维阵列】按钮 ⊞。

● 在命令窗口中输入【3DARRAY】命令，按 Enter 键。

例如，利用该功能，对如图 11-8（a）所示的立方体对象进行矩形阵列。注意，在指定阵列间距时若输入正值，将沿 X、Y、Z 轴的正方向生成阵列；若输入负值，将沿 X、Y、Z 轴的反方向生成阵列。命令行提示如下：

命令：_3darray（执行三维阵列命令）

选择对象：找到 1 个（单击要阵列的对象）

选择对象：（按 Enter 键结束选择）

输入阵列类型 [矩形(R)/环形(P)] <矩形>：r（选择矩形阵列）

输入行数 (---) <1>：4（将阵列行数设为 4）

输入列数 (|||) <1>：3（将阵列列数设为 3）

输入层数 (...) <1>：2（将阵列层数设为 2）

指定列间距 (|||)：指定第二点（可输入间距数值，也可用光标直接在屏幕上量取）

指定层间距 (...)：指定第二点（可输入间距数值，也可用光标直接在屏幕上量取）

完成命令操作，结果如图 11-8（b）所示。

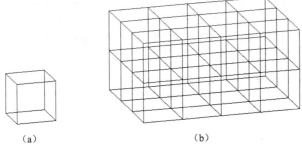

（a） （b）

图 11-8　三维矩形阵列

例如，利用该功能，对如图 11-9（a）所示的三维对象进行环形阵列。命令行提示如下：

　　　　命令：_3darray（执行三维阵列命令）

　　　　选择对象：找到 1 个（单击要阵列的对象）

　　　　选择对象：（按 Enter 键结束选择）

　　　　输入阵列类型 ［矩形(R)/环形(P)］<矩形>：p（选择环形阵列）

　　　　输入阵列中的项目数目：8（指定阵列数量）

　　　　指定要填充的角度 (+=逆时针，-=顺时针) <360>：（设置填充角度，默认为 360°）

　　　　旋转阵列对象？ ［是(Y)/否(N)］<Y>：y（将阵列对象的副本设置为可旋转）

　　　　指定阵列的中心点：（单击圆盘中心点作为环形阵列中心点）

　　　　指定旋转轴上的第二点：（指定环形阵列旋转轴第二点）

完成命令操作，结果如图 11-9（b）所示。

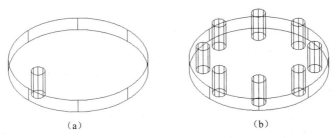

（a） （b）

图 11-9　三维环形阵列

11.2.4　三维旋转

使用【三维旋转】命令，可以将所选择的三维对象沿指定的基点和旋转轴（X 轴、Y 轴、Z 轴）进行自由旋转。【三维旋转】的操作方法如下：

● 从菜单栏中选择【修改】→【三维操作】→【三维旋转】命令。

● 在功能区【常用】选项卡的【修改】面板中单击【三维旋转】按钮⊕。

● 在命令窗口中输入 3DROTATE 命令，按 Enter 键。

例如，使用该功能，对绘制的三维图形进行旋转。命令行提示如下：

　　　　命令：_3drotate（执行三维旋转命令）

　　　　UCS 当前的正角方向：　ANGDIR=逆时针　ANGBASE=0

　　　　选择对象：找到 1 个（单击要旋转的对象）

选择对象：（按 Enter 键结束选择）

指定基点：（将光标悬停在指定对象的坐标轴上，指定旋转基点，如图 11-10（b）所示）

** 旋转 **（移动光标，即可完成对象的旋转）

指定旋转角度或 [基点(B)/复制(C)/放弃(U)/参照(R)/退出(X)]：正在重生成模型。

完成命令操作，结果如图 11-10（c）所示。

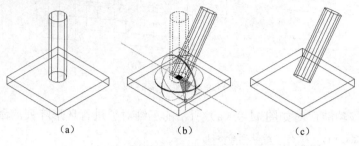

（a）　　　　　　　　（b）　　　　　　　　（c）

图 11-10　三维旋转

11.2.5　倒角边

使用【倒角边】命令，用户可以为三维对象添加倒角特征。【倒角边】的操作方法如下：
- 从菜单栏中选择【修改】→【实体编辑】→【倒角边】命令。
- 在功能区【实体】选项卡的【实体编辑】面板中单击【倒角边】按钮 ▣ 倒角边 。
- 在命令窗口中输入 CHAMFEREDGE 命令，按 Enter 键。

例如，使用该命令，对如图 11-11（a）所示的楔体的两条斜边进行倒角处理。命令行提示如下：

命令：_chamferedge 距离 1 = 1.0000，距离 2 = 1.0000（执行倒角边命令）

选择一条边或 [环(L)/距离(D)]：d（修改倒角距离）

指定距离 1 或 [表达式(E)] <1.0000>：50（将倒角距离 1 设为 50）

指定距离 2 或 [表达式(E)] <1.0000>：30（将倒角距离 2 设为 30）

选择一条边或 [环(L)/距离(D)]：（单击要进行倒角的边）

选择属于同一个面的边或 [环(L)/距离(D)]：（单击要进行倒角的斜边）

选择属于同一个面的边或 [环(L)/距离(D)]：（单击要进行倒角的斜边）

选择属于同一个面的边或 [环(L)/距离(D)]：（按 Enter 键完成选择）

按 Enter 键接受倒角或 [距离(D)]：（按 Enter 键完成命令操作）

完成命令操作，结果如图 11-11（b）所示。

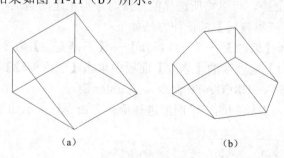

（a）　　　　　　　　　　（b）

图 11-11　倒角边

11.2.6　圆角边

使用【圆角边】命令，用户可以为三维对象添加圆角特征。【圆角边】的操作方法如下：

- 从菜单栏中选择【修改】→【实体编辑】→【圆角边】命令。
- 在功能区【实体】选项卡的【实体编辑】面板中单击【圆角边】按钮 。
- 在命令窗口中输入 FILLETEDGE 命令，按 Enter 键。

例如，使用该命令，对如图 11-12（a）所示的楔体的两条斜边进行圆角处理。命令行提示如下：

> 命令：_filletedge（执行圆角边命令）
> 半径 = 1.0000
> 选择边或 [链(C)/半径(R)]：r（修改圆角半径）
> 输入圆角半径或 [表达式(E)] <1.0000>：50（将圆角半径设为 50）
> 选择边或 [链(C)/半径(R)]：（单击要进行圆角的边）
> 选择边或 [链(C)/半径(R)]：（单击要进行圆角的边）
> 选择边或 [链(C)/半径(R)]：（按 Enter 键完成选择）
> 已选定 2 个边用于圆角。
> 按 Enter 键接受圆角或 [半径(R)]：（按 Enter 键完成命令操作）

完成命令操作，结果如图 11-12（b）所示。

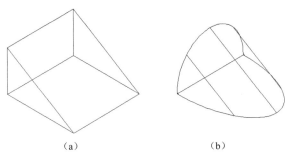

（a）　　　　　　　　　　（b）

图 11-12　圆角边

11.3　编辑实体面

在 AutoCAD 2012 中，用户可以通过拉伸、移动、旋转、偏移、倾斜等命令，对选定的三维实体面进行编辑，以创建更为复杂的实体对象。

11.3.1　移动面

使用【移动面】命令，用户可以将所选择实体的一个或多个面按指定的方向和距离移动到指定位置，使实体的几何形状发生关联的变形。【移动面】的操作方法如下：

- 从菜单栏中选择【修改】→【实体编辑】→【移动面】命令。
- 在功能区【常用】选项卡的【实体编辑】面板中单击【移动面】按钮 。

例如，使用该功能，如图 11-13（a）所示的对阶梯形实体进行编辑。命令行提示如下：

命令：_solidedit（执行实体编辑命令）

实体编辑自动检查： SOLIDCHECK=1

输入实体编辑选项 [面(F)/边(E)/体(B)/放弃(U)/退出(X)] <退出>: _face（自动选择"面"选项）

输入面编辑选项 [拉伸(E)/移动(M)/旋转(R)/偏移(O)/倾斜(T)/删除(D)/复制(C)/颜色(L)/材质(A)/放弃(U)/退出(X)] <退出>: _move（执行移动面命令）

选择面或 [放弃(U)/删除(R)]：找到一个面。（单击要移动的实体面，如图 11-13（b）所示）

选择面或 [放弃(U)/删除(R)/全部(ALL)]:（按 Enter 键完成选择）

指定基点或位移:（单击移动基点）

指定位移的第二点: 100（指定移动距离）

已开始实体校验。已完成实体校验。

输入面编辑选项

[拉伸(E)/移动(M)/旋转(R)/偏移(O)/倾斜(T)/删除(D)/复制(C)/颜色(L)/材质(A)/放弃(U)/退出(X)] <退出>:

完成命令操作，结果如图 11-13（c）所示。

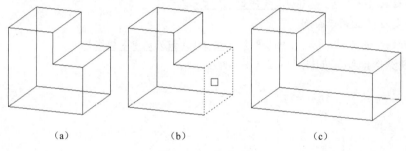

（a）　　　　　　　　（b）　　　　　　　　　（c）

图 11-13　移动面

11.3.2　拉伸面

使用【拉伸面】命令，可以在 X、Y 或 Z 方向上延伸三维实体面。用户可以指定拉伸高度、拉伸路径或在拉伸时设置倾斜角度，以便创建不同的拉伸面效果。【拉伸面】的操作方法如下：

- 从菜单栏中选择【修改】→【实体编辑】→【拉伸面】命令。
- 在功能区【常用】选项卡的【实体编辑】面板中单击【拉伸面】按钮 ⬛拉伸面 。

例如，使用该功能，对如图 11-14（a）所示的长方体进行编辑，需要注意的是，将"拉伸倾斜角度"设为正数或负数的拉伸效果是不同的。命令行提示如下：

命令：_solidedit（执行实体编辑命令）

实体编辑自动检查： SOLIDCHECK=1

输入实体编辑选项 [面(F)/边(E)/体(B)/放弃(U)/退出(X)] <退出>: _face（自动选择"面"选项）

输入面编辑选项 [拉伸(E)/移动(M)/旋转(R)/偏移(O)/倾斜(T)/删除(D)/复制(C)/颜色(L)/材质(A)/放弃(U)/退出(X)] <退出>: _extrude（执行拉伸面命令）

选择面或 [放弃(U)/删除(R)]：找到一个面。（单击要拉伸的实体面）

选择面或 [放弃(U)/删除(R)/全部(ALL)]:（按 Enter 键完成选择）

指定拉伸高度或 [路径(P)]: 30（指定拉伸高度）

指定拉伸的倾斜角度 <45>: 45（指定拉伸的倾斜角度）

已开始实体校验。已完成实体校验。

输入面编辑选项 [拉伸(E)/移动(M)/旋转(R)/偏移(O)/倾斜(T)/删除(D)/复制(C)/颜色(L)/材质(A)/放弃(U)/退出(X)] <退出>:

完成命令操作，结果如图 11-14（b）所示。在输入倾斜角度时，如果输入-45 则结果如表 11-14（c）所示。

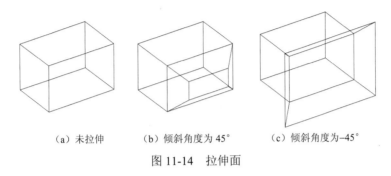

（a）未拉伸　　　　　（b）倾斜角度为 45°　　　　　（c）倾斜角度为-45°

图 11-14　拉伸面

11.3.3　倾斜面

使用【倾斜面】命令，可以将三维实体上的面沿指定的角度倾斜，倾斜角的旋转方向由指定的基点和第二点的位置决定。若倾斜角度为正，则向里倾斜面；若倾斜角度为负，则向外倾斜面。【倾斜面】的操作方法如下：

● 从菜单栏中选择【修改】→【实体编辑作】→【倾斜面】命令。

● 在功能区【常用】选项卡的【实体编辑】面板中单击【倾斜面】按钮。

例如，使用该功能，对如图 11-15（a）所示的圆柱体侧面进行倾斜编辑。命令行提示如下：

命令：_solidedit（执行实体编辑命令）

实体编辑自动检查：　SOLIDCHECK=1

输入实体编辑选项 [面(F)/边(E)/体(B)/放弃(U)/退出(X)] <退出>: _face（自动选择"面"选项）

输入面编辑选项 [拉伸(E)/移动(M)/旋转(R)/偏移(O)/倾斜(T)/删除(D)/复制(C)/颜色(L)/材质(A)/放弃(U)/退出(X)] <退出>: _taper（执行倾斜面命令）

选择面或 [放弃(U)/删除(R)]: 找到一个面。（单击要进行倾斜的实体面）

选择面或 [放弃(U)/删除(R)/全部(ALL)]: （按 Enter 键完成选择）

指定基点: （单击圆柱体底面圆形的象限点作为倾斜方向第一点）

指定沿倾斜轴的另一个点: （单击倾斜方向第二点）

指定倾斜角度: 45（指定倾斜角度）

已开始实体校验。已完成实体校验。

输入面编辑选项 [拉伸(E)/移动(M)/旋转(R)/偏移(O)/倾斜(T)/删除(D)/复制(C)/颜色(L)/材质(A)/放弃(U)/退出(X)] <退出>:

完成命令操作，结果如图 11-15（b）所示。在输入倾斜角度时，正角度将向内倾斜面，负角度将向外倾斜面，默认角度为 0。倾斜角度必须在 90°～-90° 之间。倾斜角度为-45° 的效果如图 11-15（c）所示。

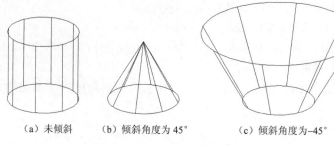

（a）未倾斜　　（b）倾斜角度为 45°　　（c）倾斜角度为–45°

图 11-15　倾斜面

11.3.4　旋转面

使用【旋转面】命令，用户可以使三维对象绕指定轴旋转一个或多个面，或者实体的某些部分，以完成对实体对象的编辑。【旋转面】的操作方法如下：

● 从菜单栏中选择【修改】→【实体编辑】→【旋转面】命令。
● 在功能区【常用】选项卡的【实体编辑】面板中单击【旋转面】按钮 。

例如，使用该功能，对如图 11-15（a）所示的圆柱体顶面进行旋转编辑。命令行提示如下：

命令：_solidedit（执行实体编辑命令）

实体编辑自动检查：SOLIDCHECK=1

输入实体编辑选项 [面(F)/边(E)/体(B)/放弃(U)/退出(X)]<退出>：_face（自动选择"面"选项）

输入面编辑选项 [拉伸(E)/移动(M)/旋转(R)/偏移(O)/倾斜(T)/删除(D)/复制(C)/颜色(L)/材质(A)/放弃(U)/退出(X)]<退出>：_rotate（执行旋转面命令）

选择面或 [放弃(U)/删除(R)]：找到一个面。（单击要进行旋转的实体面）

选择面或 [放弃(U)/删除(R)/全部(ALL)]：（按 Enter 键完成选择）

指定轴点或 [经过对象的轴(A)/视图(V)/X 轴(X)/Y 轴(Y)/Z 轴(Z)]<两点>：（单击圆柱体顶面圆形的象限点作为旋转轴第一点）

在旋转轴上指定第二个点：（单击旋转轴第二点）

指定旋转角度或 [参照(R)]：30（指定旋转角度）

已开始实体校验。已完成实体校验。

输入面编辑选项 [拉伸(E)/移动(M)/旋转(R)/偏移(O)/倾斜(T)/删除(D)/复制(C)/颜色(L)/材质(A)/放弃(U)/退出(X)]<退出>：

完成命令操作，结果如图 11-16（b）所示。

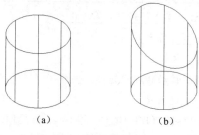

（a）　　　　　（b）

图 11-16　旋转面

11.4 编辑实体

在实体建模时，用户不仅可以对实体面、实体边进行编辑，还可以对整个实体进行编辑，从而在原有实体对象的基础上创建新的实体效果。在 AutoCAD 2012 中提供了剖切和抽壳等实体编辑工具。

11.4.1 实体剖切

使用【实体剖切】命令，用户可以使用一个与三维对象相交的平面或曲面，将其切为两半。在剖切三维实体时，可以通过多种方法定义剖切平面，例如，可以指定三个点、一条轴、一个曲面或一个平面对象作为剪切平面，也可以选择保留剖切对象的一半，或两半均保留。
【剖切】的操作方法如下：

- 从菜单栏中选择【修改】→【三维操作】→【剖切】命令。
- 在功能区【常用】选项卡的【实体编辑】面板中单击【剖切】按钮 。
- 在命令窗口中输入 SLICE 命令，按 Enter 键。

例如，使用该功能，对如图 11-17（a）所示的长方体进行剖切。在命令执行过程中，应注意灵活运用指定切面的多种方法。命令行提示如下：

命令：_slice（执行剖切命令）

选择要剖切的对象：找到 1 个（选择对象）

选择要剖切的对象：（按 Enter 键结束选择）

指定 切面 的起点或 [平面对象(O)/曲面(S)/Z 轴(Z)/视图(V)/XY(XY)/YZ(YZ)/ZX(ZX)/三点(3)]

<三点>：（单击切面的第一点）

指定平面上的第二个点：（单击切面的第二点）

在所需的侧面上指定点或 [保留两个侧面(B)] <保留两个侧面>：（鼠标在对象左侧单击第三点）

完成命令操作，结果如图 11-17（b）所示。

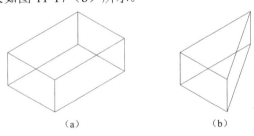

（a）　　　　　　　　　　　（b）

图 11-17　实体剖切

11.4.2 抽壳

使用【抽壳】命令，用户可以从实体内部挖去一部分，形成内部中空或凹坑的薄壁实体结构。用户可以为所有面指定一个固定的薄层厚度，通过选择面可以将这些面排除在壳外。
【抽壳】的操作方法如下：

- 从菜单栏中选择【修改】→【实体编辑】→【抽壳】命令。
- 在功能区【实体】选项卡的【实体编辑】面板中单击【抽壳】按钮 。

例如，使用该功能，对如图 11-18（a）所示的长方体对象进行编辑。命令行提示如下：

命令: _solidedit（执行实体编辑命令）

实体编辑自动检查: SOLIDCHECK=1

输入实体编辑选项 [面(F)/边(E)/体(B)/放弃(U)/退出(X)] <退出>: _body（自动选择"体"选项）

输入体编辑选项 [压印(I)/分割实体(P)/抽壳(S)/清除(L)/检查(C)/放弃(U)/退出(X)] <退出>: _shell（执行抽壳命令）

选择三维实体:（单击要进行抽壳的实体对象）

删除面或 [放弃(U)/添加(A)/全部(ALL)]: 找到一个面，已删除 1 个。（单击抽壳要删除的面）

删除面或 [放弃(U)/添加(A)/全部(ALL)]: 找到一个面，已删除 1 个。（单击抽壳要删除的面）

删除面或 [放弃(U)/添加(A)/全部(ALL)]:（按 Enter 键完成删除面的选择）

输入抽壳偏移距离: 20（指定偏移距离）

已开始实体校验。已完成实体校验。

输入体编辑选项 [压印(I)/分割实体(P)/抽壳(S)/清除(L)/检查(C)/放弃(U)/退出(X)] <退出>:

完成命令操作，结果如图 11-18（b）所示。用户在设置偏移距离时，若设为正值，则创建实体周长内部的抽壳；若设为负值，则创建实体周长外部的抽壳。

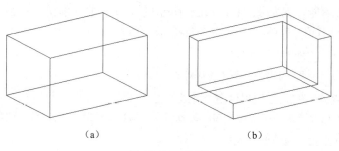

（a）　　　　　　　　　　　（b）

图 11-18　抽壳

实训 11

1. 创建法兰模型

利用圆柱体、布尔运算、阵列等命令，创建一个"法兰"三维示意图。具体的操作步骤如下。

1）打开 AutoCAD 2012 中文版，新建一个图形文件，将工作空间选定为"三维建模"。

2）创建圆柱体。在功能区【常用】选项卡的【建模】面板中单击【圆柱体】按钮 ，绘制两个半径分别为 80、100，高度为 150 的圆柱体，另外再绘制一个半径为 170，高度为 20 的圆柱体，如图 11-19 所示。

3）创建空心圆管。在功能区【常用】选项卡的【实体编辑】面板中单击【差集】按钮 ，在命令行提示"选择要从中减去的实体、曲面和面域"时，选择半径为 100 和 170 的两个圆柱体；在命令行提示"选择要减去的实体、曲面和面域"时，选择半径为 80 的圆柱体，将其从较大直径的两个圆柱体中减去，从而生成空心圆管。结果如图 11-20 所示。

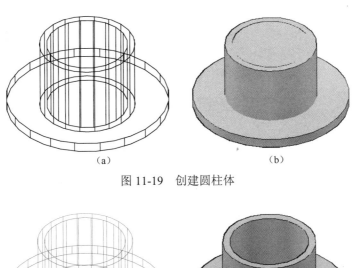

（a） （b）

图 11-19　创建圆柱体

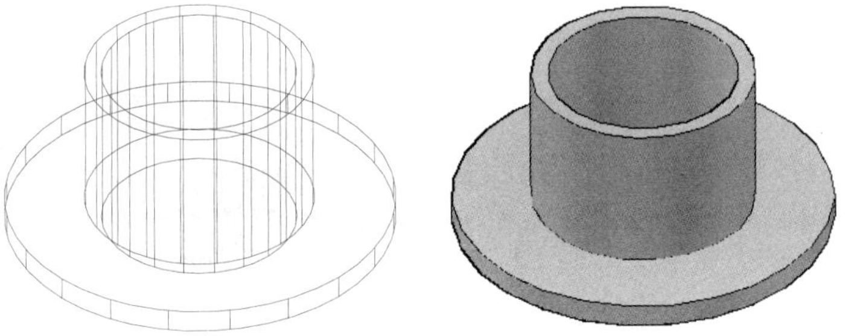

图 11-20　实体差集

4）创建一个螺栓孔。在功能区【常用】选项卡的【建模】面板中单击【圆柱体】按钮 圆柱体，绘制一个半径为 20，高度为 40 的圆柱体。在绘制过程中，利用对象捕捉和对象捕捉追踪功能，将其定位在圆环中心位置，如图 11-21（a）所示，用来生成螺栓孔。结果如图 11-21（b）所示。

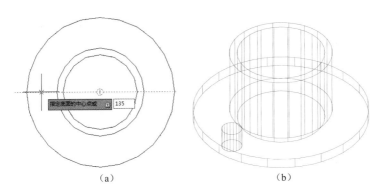

（a） （b）

图 11-21　绘制螺栓孔圆柱体

5）阵列螺栓孔。在功能区【常用】选项卡的【修改】面板中单击【环形阵列】按钮 环形阵列，对上一步绘制的圆柱体进行环形阵列，阵列中心点定为法兰圆盘中心，如图 11-22（a）所示，阵列项目数为 8 个，填充角度为 360°。结果如图 11-22（b）所示。

6）减去螺柱孔。在功能区【常用】选项卡的【实体编辑】面板中单击【差集】按钮 ⊚，将阵列生成的 8 个圆柱体从法兰圆盘中减去。注意，应先利用【分解】命令先将阵列对象分解，方可执行【差集】命令。结果如图 11-23 所示。

7）完成上述操作，将图形保存至指定位置，文件名为"法兰模型"。

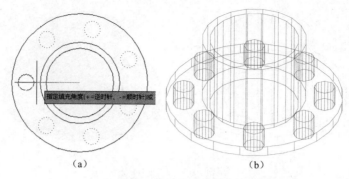

(a)   (b)

图 11-22　环形阵列

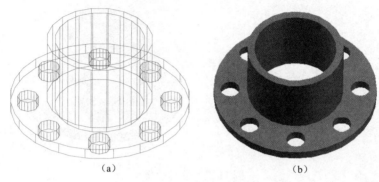

(a)   (b)

图 11-23　创建法兰模型

2．创建货架模型

利用矩形、椭圆、多段线、长方体、圆角、阵列、扫掠等命令，创建一个"货架"三维示意图。具体的操作步骤如下。

1）打开 AutoCAD 2012 中文版，新建一个图形文件，将工作空间选定为"三维建模"。

2）绘制矩形，作为扫掠对象。在功能区【常用】选项卡的【绘图】面板中单击【矩形】按钮，将视图切换为"俯视"，绘制一个边长为 30×40 的矩形，并利用多功能夹点将矩形的两条短边转换为圆弧，圆弧半径为 15，如图 11-24（a）所示。

3）绘制多段线，作为扫掠路径。在功能区【常用】选项卡的【绘图】面板中单击【多段线】按钮，将视图切换为"左视"，绘制一条多段线，高度为 800，宽度为 400，如图 11-24（b）所示。

4）在功能区【常用】选项卡的【修改】面板中单击【圆角】按钮，对多段线进行圆角处理，圆角半径为 100，结果如图 11-24（c）所示。

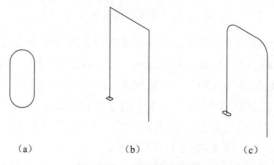

（a）   （b）   （c）

图 11-24　绘制基本图形

5）创建支柱。在功能区【常用】选项卡的【建模】面板中单击【扫掠】按钮 ![扫掠]，将前面所绘制的基本图形创建为货柜的支柱，将扫掠对象选为矩形对象，如图 11-25（a）所示，将扫掠路径选为多段线对象，如图 11-25（b）所示。使用【复制】命令对该支柱进行复制，距离为 700，结果如图 11-25（c）所示。

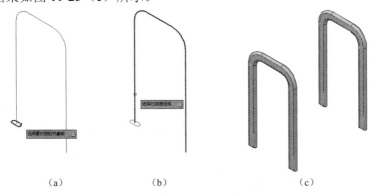

（a）　　　　　　　　　（b）　　　　　　　　　（c）

图 11-25　创建支柱

6）创建托架。在功能区【常用】选项卡的【建模】面板中单击【长方体】按钮 ![长方体]，配合使用【复制】命令，创建 4 个托架立方体，短边托架的长、宽、高尺寸分别为 30、360、30，长边托架的长、宽、高分别为 670、40、30，如图 11-26（a）所示。

7）对托架进行圆角处理。在功能区【常用】选项卡的【修改】面板中单击【圆角】按钮 ![圆角]，对上一步中所创建的 4 个立方体上部的两个直角边进行圆角处理，圆角半径设为 10，结果如图 11-26（b）所示。将视觉样式设为"真实"，如图 11-26（c）所示。

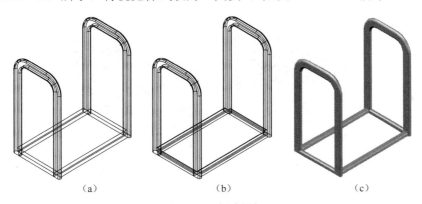

（a）　　　　　　　　　（b）　　　　　　　　　（c）

图 11-26　创建托架

8）绘制椭圆和线段，作为扫掠对象和扫掠路径。在功能区【常用】选项卡的【绘图】面板中单击【椭圆】按钮 ![椭圆]，在前视图中绘制一个长轴为 10，短轴为 6 的椭圆，并利用【多段线】命令，在俯视图中绘制一条长 380 的线段，如图 11-27（a）所示。

9）创建支撑杆。在功能区【常用】选项卡的【建模】面板中单击【扫掠】按钮 ![扫掠]，将上一步所绘制的基本图形创建为支撑杆，将扫掠对象选为椭圆对象，将扫掠路径选为多段线对象，如图 11-27（b）所示。

10）阵列支撑杆。在功能区【常用】选项卡的【修改】面板中单击【矩形阵列】按钮 ![矩形阵列]，对支撑杆进行阵列，阵列列数设为 12，阵列总间距设为 600。结果如图 11-28 所示。

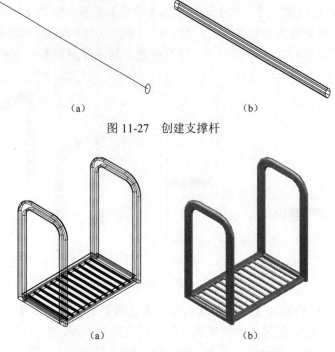

（a）   （b）

图 11-27　创建支撑杆

（a）   （b）

图 11-28　阵列支撑杆

11）复制并调整支撑杆。利用【移动】命令将创建的托架和支撑杆向上移动 100，并利用【复制】命令将托架和支撑杆向上复制两层，间距设为 260。结果如图 11-29 所示。

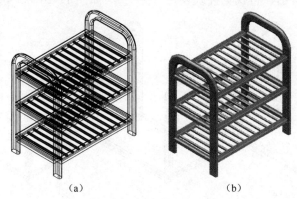

（a）   （b）

图 11-29　创建货架模型

12）完成上述操作，将图形保存至指定位置，文件名为"货架模型"。

练习题 11

1．简述布尔运算的作用。布尔运算包括几种运算方式？

2．AutoCAD 2012 提供了哪些三维对象编辑功能？

3．在创建三维对象时，使用拉伸面可以实现什么效果？用户可以指定哪些参数？

4．简述实体剖切命令的作用。如何指定剖切平面？

5．举例说明实体抽壳命令的作用。

6．利用圆柱体、球体、差集、环形阵列、圆角边等命令，绘制如图 11-30 所示的三维轴承示意图并保存至指定位置。

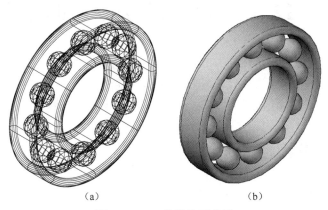

（a）   （b）

图 11-30　三维轴承示意图

7．利用圆柱体、布尔运算、拉伸实体、阵列等命令，将本书第 5 章实训部分绘制的二维齿轮图形（见图 5-45）创建为三维齿轮，如图 11-31 所示，并保存至指定位置。

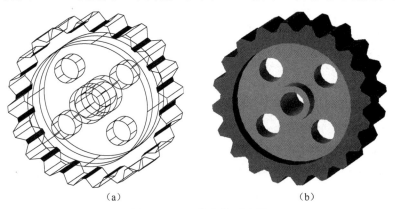

（a）   （b）

图 11-31　三维齿轮示意图

8．利用矩形、拉伸实体、长方体、三维移动、圆角边等命令，绘制如图 11-32 所示的三维椅子示意图并保存至指定位置。

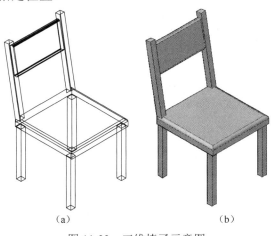

（a）   （b）

图 11-32　三维椅子示意图

第 12 章 观察和渲染三维图形

利用 AutoCAD 2012 提供的动态观察功能，可通过动态观察、漫游和飞行来调整视图方位，并可制作多视角、多视距的观察动画。利用渲染功能，用户可为三维对象定义各种材质和贴图，并且可以为其添加灯光和调整光源效果，然后通过渲染获得逼真的效果。

12.1 控制三维视图显示

12.1.1 视觉样式

用户可以通过更改视觉样式的特性来控制视口中模型边和着色的显示效果。应用视觉样式或更改其设置时，关联的视口会自动更新以反映这些更改。控制【视觉样式】的操作方法如下：

- 从菜单栏中选择【视图】→【视觉样式】命令，从级联子菜单中选择需要的样式进行观察。
- 将工作空间切换至"三维建模"，在功能区【常用】选项卡的【视图】面板的【视觉样式】下拉列表中选择需要的样式进行观察，如图 12-1 所示。

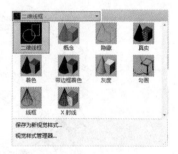

图 12-1 【视觉样式】下拉列表

AutoCAD 2012 提供了多种视觉样式，分别说明如下。

二维线框：通过使用直线和曲线表示边界的方式显示对象。光栅和 OLE 对象、线型和线宽均可见。

线框：通过使用直线和曲线表示边界的方式显示对象。与二维线框相比，该样式还提供 View Cube 导航，更便于三维操作。

隐藏：可重新生成不显示隐藏线的三维线框模型。使用线框表示对象，同时隐藏表示对象背面的线。

真实：使用平滑着色和附着到对象的材质显示对象，并使对象的边平滑化。

概念：使用平滑着色和古氏面样式显示对象。古氏面样式在冷暖颜色而不是明暗效果之间转换。效果缺乏真实感，但是可以更方便地查看模型的细节。

着色：使用平滑着色显示对象。

带边缘着色：使用平滑着色和可见边显示对象。

灰度：使用平滑着色和单色灰度显示对象。

勾画：使用线延伸和抖动边修改器显示手绘效果的对象。

X 射线：以局部透明度显示对象。

用户除了可以使用以上10种视觉样式外，还可以通过【视觉样式管理器】选项板来控制线型颜色、面样式、背景效果、材质和纹理以及三维对象的显示精度等特性。在【视觉样式管理器】选项板中显示了图形中可用的所有视觉样式，选定的视觉样式用黄色边框表示，其设置选项则显示在样例图像下方的面板中，如图 12-2 所示。

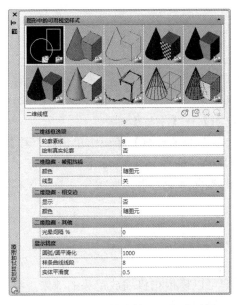

图 12-2　【视觉样式管理器】选项板

12.1.2　消隐

使用【消隐】命令，用户可以对图形进行消隐处理，以便隐藏被前景对象遮挡的背景对象，使图形的显示更加简洁清晰。【消隐】的操作方法如下：

- 从菜单栏中选择【视图】→【消隐】命令。
- 在功能区【视图】选项卡的【视觉样式】面板中单击【隐藏】按钮 。
- 在命令窗口中输入 HIDE 命令，按 Enter 键。

例如，利用该功能，对如图 12-3（a）所示的三维对象进行消隐观察，结果如图 12-3 所示。

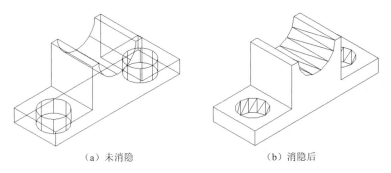

（a）未消隐　　　　　　　　　　　　　（b）消隐后

图 12-3　消隐观察效果

12.2　观察三维图形

在创建和编辑三维图形时，用户可以利用 AutoCAD 2012 提供的三维导航工具，对图形进行平移、缩放和动态观察等操作，以便对图形的不同位置以及局部细节或整体进行观察。

12.2.1　三维平移

使用三维平移命令，用户可以将三维对象随光标的移动而移动，快速调整模型在绘图区域中的位置，以便观察三维对象的不同部位。三维平移的操作方法如下：

- 从菜单栏中选择【视图】→【平移】命令。
- 在功能区【视图】选项卡的【导航】面板中单击【平移】按钮 平移。
- 在命令窗口中输入 3DPAN 命令，按 Enter 键。

执行该命令时，视图中的光标将变为手的形状 ，按下鼠标左键进行拖动，在绘图区域中的图形对象将随光标移动。

12.2.2　三维缩放

使用三维缩放命令，用户可以模拟相机缩放镜头的效果，将三维对象放大或缩小显示。使用该命令不会更改图形中对象的绝对大小，只是更改了视图的比例。三维缩放的操作方法如下：

- 从菜单栏中选择【视图】→【缩放】命令，从级联子菜单中选择相应命令。
- 在功能区【视图】选项卡的【导航】面板中单击【缩放】下拉列表中的相应命令。
- 在命令窗口中输入 3DZOOM 命令，选择相应的缩放方式，按 Enter 键。

AutoCAD 2012 提供了多种三维缩放的方式。

所有：缩放以显示所有可见对象和视觉辅助工具。

中心：缩放以显示由中心点、比例值和高度所定义的视图。当高度值较小时增大放大比例，当高度值较大时减小放大比例。

动态：使用矩形视图框进行平移和缩放。视图框表示视图，可以更改它的大小，或在图形中移动。移动视图框或调整它的大小，将其中的视图平移或缩放，以充满整个视口。

范围：缩放以显示所有对象的最大范围。

上一个：缩放显示上一个视图。最多可恢复此前的 10 个视图。

比例：使用比例因子缩放视图以更改其显示比例。

窗口：缩放显示矩形窗口指定的区域。用户可以使用光标定义模型区域以填充整个窗口。

对象：将选定的对象通过缩放尽可能大地显示并使其位于视图的中心。

实时：交互缩放以更改视图的比例。

放大：使用比例因子进行缩放，放大当前视图的显示比例。

缩小：使用比例因子进行缩放，减小当前视图的显示比例。

12.2.3　动态观察

使用动态观察命令，用户可以在当前视口中创建一个三维视图，通过移动光标来实时地控制和改变视图效果，从不同的角度、高度和距离查看图形中的对象。动态观察的操作方法如下：

- 从菜单栏中选择【视图】→【动态观察】命令，从级联子菜单中选择需要的观察方式。

- 在功能区【视图】选项卡的【导航】面板中单击【动态观察】下拉列表中相应命令。
- 在命令窗口中输入相应的动态观察命令，按 Enter 键。

AutoCAD 2012 提供了动态观察、自由动态观察和连续动态观察三种方式，具体介绍如下。

动态观察（3DORBIT）：可以对视图中的对象进行有一定约束的动态观察，只可以在水平和垂直方向上拖动对象进行三维动态观察。

自由动态观察（3DFORBIT）：可以使观察点绕视图的任意轴进行任意角度的旋转，对图形进行任意角度的观察。

连续动态观察（3DCORBIT）：可以使观察对象绕指定的旋转轴和旋转速度进行连续旋转运动，从而可以对其进行连续动态的观察。

12.2.4 使用 ViewCube 导航

ViewCube 工具是在二维模型空间或三维视觉样式中处理图形时显示的导航工具，如图 12-4（a）所示。使用 ViewCube 工具，用户可以在标准视图和等轴测视图之间进行切换。ViewCube 工具以不活动状态显示在模型窗口一角，在默认情况下，它显示为半透明状态，这样便不会遮挡模型的视图。ViewCube 工具在视图发生更改时可提供有关模型当前视点的直观反映。当用户将光标放置在 ViewCube 工具上时，它将变为活动状态，通过拖动或单击 ViewCube 工具，可以将视图切换到所需的预设视图、滚动当前视图或更改为模型的主视图。

在 ViewCube 工具上单击右键，将会弹出 ViewCube 快捷菜单，如图 12-4（b）所示，使用快捷菜单命令可以恢复和定义模型的主视图，在视图投影模式之间进行切换，以及更改交互行为和外观。

（a）　　　　　　　　　　　　　（b）

图 12-4　ViewCube 工具和快捷菜单

12.2.5 使用 SteeringWheels 导航

SteeringWheels 是追踪菜单，也称做控制盘，它将多个常用导航工具结合到一个单一界面中，控制盘上的每个按钮代表一种导航工具，从而为用户节省了时间。控制盘是任务特定的，通过控制盘可以在不同的视图中导航和设置模型方向。在 AutoCAD 2012 中提供了全导航控制盘、二维导航控制盘、查看对象控制盘和巡视建筑控制盘，如图 12-5 所示。

全导航控制盘：它将在二维导航控制盘、查看对象控制盘和巡视建筑控制盘上的二维和三维导航工具组合到一个控制盘上。

二维导航控制盘：用于二维视图的基本导航。

查看对象控制盘：用于三维导航，可以查看模型中的单个对象或成组对象。

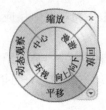

（a）全导航控制盘　　（b）二维导航控制盘　　（c）查看对象控制盘　　（d）巡视建筑控制盘

图 12-5　SteeringWheels 工具

巡视建筑控制盘：用于三维导航，使用此控制盘可以在模型内部导航。

用户可通过在功能区【视图】选项卡的【导航】面板中选择不同的控制盘，也可以在显示的控制盘上单击右键，并在弹出的快捷菜单中选择不同的控制盘，如图 12-6 所示。

通过控制盘，用户可以查看不同的对象以及围绕模型进行漫游和导航。当显示其中一个控制盘时，用户可通过按下鼠标滚轮进行平移，滚动鼠标滚轮进行放大和缩小，在按住 Shift 键的同时按下鼠标左键可对模型进行动态观察，也可以单击全导航控制盘中的按钮以激活相应的导航工具，然后按下鼠标左键并拖动以重新设置当前视图的状态。

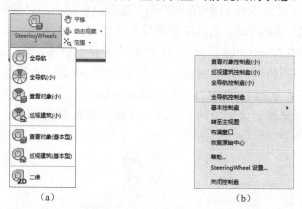

（a）　　　　　　　　　　　　　　　（b）

图 12-6　切换控制盘

12.3　设置光源

创建任何一个场景都离不开灯光，合理的光源可以为整个场景提供照明，从而呈现出各种真实的效果。在 AutoCAD 2012 中，用户可以使用【光源】功能向场景中添加光源以创建更加真实的渲染效果。

在场景中没有光源时，将使用默认光源对场景进行着色。添加光源可为场景提供真实的外观并增强场景的清晰度和三维效果。插入人工光源或添加自然光源时，可以关闭默认光源。用户可以创建点光源、聚光灯和平行光以达到想要的效果。系统将使用不同的光线轮廓（图形中显示光源位置的符号）表示不同类型的光源。

12.3.1　设置阳光特性

阳光与天光是 AutoCAD 2012 中自然照明的主要来源。日光具有来自单一方向的平行光线，方向和角度根据时间、纬度和季节改变而变化。阳光是一种类似于平行光的特殊光源。

用户通过为模型指定地理位置、日期和时间来定义阳光的角度，也可以更改阳光的强度及其光源的颜色。设置阳光特性的操作方法如下：

- 从菜单栏中选择【视图】→【渲染】→【光源】→【阳光特性】命令。
- 在功能区【渲染】选项卡的【阳光和位置】面板中单击【阳光状态】按钮，可以打开或关闭阳光。
- 在命令窗口中输入 SUNSTATUS，将参数设为 1 可打开阳光，将参数设为 0 可关闭阳光。若在命令窗口中输入 SUNPROPERTIES，则可打开【阳光特性】选项板。

执行【阳光特性】命令，程序将会弹出如图 12-7 所示的【阳光特性】选项板，包括常规、天光特性、太阳角度计算器、渲染阴影细节、地理位置等设置区域，主要选项说明如下。

常规：【状态】选项用于打开或关闭阳光。【强度因子】选项用于设置阳光的强度或亮度，取值范围为 0 到最大值，数值越大，光源越亮。【颜色】选项用于控制光源的颜色。【阴影】选项用于打开或关闭阳光阴影的显示和计算。关闭阴影显示可以提高性能。

天光特性：【状态】选项用于确定渲染时是否计算自然光照明。此选项对视口照明或视口背景没有影响，它仅使自然光可作为渲染时的收集光源。【强度因子】选项用于设置天光的强度。【雾化】选项用于确定大气中散射效果的幅值，取值范围为 0～15，默认值为 0。

地平线：此类特性适用于地平面的外观和位置。【高度】选项用于确定相对于世界零海拔的地平面的绝对位置。此参数表示世界坐标空间长度并且应以当前长度单位对其进行格式设置。取值范围为 −10～+10，默认值为 0。【模糊】选项用于确定地平面和天空之间的模糊量，取值范围为 0～10，默认值为 0.1。【地面颜色】选项用于设置地平面的颜色。

高级：【夜间颜色】选项用于指定夜空的颜色。【鸟瞰透视】选项用于指定是否应用鸟瞰透视。【可见距离】选项用于指定在 10%雾化阻光度情况下的可视距离。

太阳角度计算器：此类特性用于设置阳光的角度。用户可以通过日期、时间、夏令时、方位角、仰角、源矢量等选项对其进行设置。

图 12-7　【阳光特性】选项板

12.3.2　使用人工光源

人工光源可以模拟真实灯光效果。不同类型的人工光源，其照亮场景的原理不同，模拟的效果也不相同。用户可以选择为场景添加不同类型的人工光源，并设定每个光源的位置和光度控制特性，还可以使用特性选项板更改选定光源的颜色或其他特性。在使用人工光源时，通常需要添加多个光源。在 AutoCAD 2012 中提供的人工光源有点光源、聚光灯、平行光三种。创建人工光源的操作方法如下：

- 从菜单栏中选择【视图】→【渲染】→【光源】命令，从级联子菜单中选择要添加的光源类型。
- 在功能区【渲染】选项卡的【光源】面板中单击【创建光源】按钮，并选择所需要的光源类型，如点光源、聚光灯、平行光等。
- 在命令窗口中输入 LIGHT，并选择相应光源类型，按 Enter 键。用户也可以在命令窗口中输入 POINTLIGHT，以创建点光源；输入 SPOTLIGHT，以创建聚光灯；输入 DISTANTLIGHT，以创建平行光。

点光源从其所在位置向四周发射光线，它不以一个对象为目标。使用点光源可以达到基本的照明效果。

聚光灯发射定向锥形光，可以控制光源的方向和圆锥体的尺寸。像点光源一样，聚光灯也可以手动设定为强度随距离衰减。但是，聚光灯的强度始终还是根据相对于聚光灯的目标矢量的角度衰减，此衰减由聚光灯的聚光角角度和照射角角度控制。聚光灯可用于亮显模型中的特定特征和区域。

平行光仅向一个方向发射统一的平行光光线。平行光的强度并不随着距离的增大而衰减。对于每个照射的面，平行光的亮度都与其在光源处的亮度相同。在统一照亮对象或照亮背景时，平行光十分有用。

例如，为小圆桌三维模型添加聚光灯光源，如图 12-8 所示。

图 12-8　添加聚光灯光源

12.4　应用材质

用户可以为三维对象添加材质，在渲染视图中得到逼真效果。AutoCAD 2012 提供了一个含有预定义材质的大型材质库。用户可以使用【材质浏览器】选项板可以浏览材质，并将它们应用于三维对象，还可以根据需要在【材质编辑器】选项板中创建和修改材质。

12.4.1 材质库

AutoCAD 2012 提供了一个大型材质库,包含 700 多种材质和 1000 多种纹理,如金属材质、地板材质、砖石材质、玻璃材质等。用户可以使用【材质浏览器】浏览材质,并将它们应用于图形中的对象。调用【材质浏览器】选项板的操作方法如下:

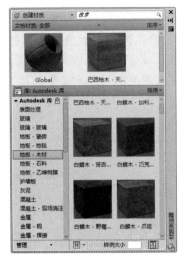

图 12-9　【材质浏览器】选项板

- 从菜单栏中选择【视图】→【渲染】→【材质浏览器】命令。
- 从菜单栏中选择【工具】→【选项板】→【材质浏览器】命令。
- 在功能区【渲染】选项卡的【材质】面板中单击【材质浏览器】按钮 🔲材质浏览器 。
- 在命令窗口中输入 MATERIALS,按 Enter 键。

使用【材质浏览器】选项板可对材质库进行导航和管理,用户在此可以方便地组织、分类、搜索和选择要在图形中使用的材质。在该选项板的【库】列表框中单击【Autodesk 库】选项,将会列出 AutoCAD 2012 提供的多种材质和纹理库,如图 12-9 所示。

当用户选择某一材质库后,在其右侧将会显示该材质库中各种材质的缩略图,此时可通过鼠标拖动将所选择的材质缩略图指定给对象。当材质添加到图形对象上后,在【文档材质】列表框中将会显示图形中已经应用的材质。

12.4.2 设置材质

当系统提供的材质库无法满足设计需求时,用户可以通过【材质编辑器】选项板编辑现有材质的属性或自定义新的材质。调用【材质编辑器】选项板的操作方法如下:

- 从菜单栏中选择【视图】→【渲染】→【材质编辑器】命令。
- 从菜单栏中选择【工具】→【选项板】→【材质编辑器】命令。
- 在【材质浏览器】选项板的【文档材质】列表框中双击要进行编辑的材质样例缩略图。
- 单击【材质浏览器】选项板右下角的【显示材质编辑器】按钮 🔲 。
- 在命令窗口中输入 MATEDITOROPEN,按 Enter 键。

使用【材质编辑器】选项板可以对添加到图形中的材质进行修改,并将所做的修改设置与材质一起保存,同时,在材质样例预览框中显示修改效果,如图 12-10 所示。

图 12-10　【材质编辑器】选项板

12.4.3 指定材质

要将材质应用于对象或面，需要先从【材质浏览器】选项板中选择适当的材质，然后将其添加到图形中。将材质指定给对象的操作方法如下：

- 在材质库中单击某种材质，该材质将应用于图形中已经选定的对象。
- 利用鼠标将材质样例直接拖动到图形中的对象上。
- 在材质样例上单击右键，从弹出的快捷菜单中选择【指定给当前选择】命令，将材质指定给对象。

例如，为三维圆桌指定材质，这里选择【木材】→【橡木-浅色着色无光泽实心】材质，如图 12-11 所示。

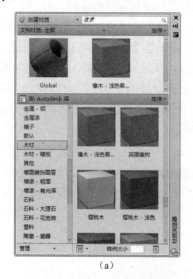

（a）　　　　　　　　　　　　（b）

图 12-11　指定材质

在【材质浏览器】选项卡的【文档材质】列表框中，双击刚才应用的材质样例缩略图，调出【材质编辑器】选项板，对材质效果进行适当调整，结果如图 12-12 所示。

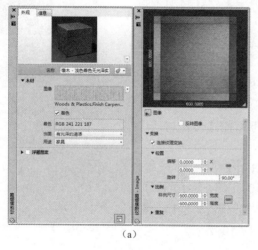

（a）　　　　　　　　　　　　（b）

图 12-12　编辑材质

12.5 三维图形渲染

经过渲染的实体与线框模型和曲面模型相比，能够更好地表达三维对象的真实效果。通过使用已设置的光源、已应用的材质和环境设置（例如背景和雾化），能够为场景中的几何图形进行着色。在 AutoCAD 2012 中进行三维图形渲染，可以创建出能够表达用户想法的真实照片级质量的演示图像。

12.5.1 基本渲染

使用【渲染】命令，用户可以对图形进行渲染。在默认情况下，将渲染当前视图中的所有图形对象。【渲染】命令的操作方法如下：

- 从菜单栏中选择【视图】→【渲染】→【渲染】命令。
- 在功能区【渲染】选项卡的【渲染】面板中单击【渲染】按钮 ☕ 渲染。
- 在命令窗口中输入 RENDER 命令，按 Enter 键。

例如，为如图 12-13（a）所示的"三维椅子"指定材质为"木材-枫木"，并进行渲染，将会打开渲染窗口，结果如图 12-13（b）所示。

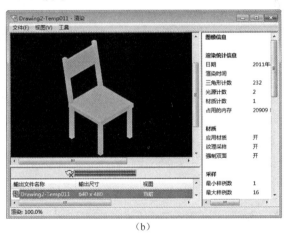

| (a) | (b) |

图 12-13　渲染

12.5.2 渲染面域

使用【渲染面域】命令，用户可以对视口内的指定区域进行渲染。在对大型复杂的三维对象进行渲染时，需要耗费大量时间才能得到渲染效果，而利用【渲染面域】命令可以得到选定区域的渲染效果，大大提高了渲染速度。【渲染面域】的操作方法如下：

- 在功能区【渲染】选项卡的【渲染】面板中单击【渲染面域】按钮 ☐ 渲染面域。
- 在命令窗口中输入 RENDERCROP 命令，按 Enter 键。

执行【渲染面域】命令，根据命令行提示依次选取两个对角点，确定渲染区域的窗口，即可进行渲染操作。例如，在创建三维房子时，可利用该命令查看窗户的局部渲染效果，如图 12-14 所示。

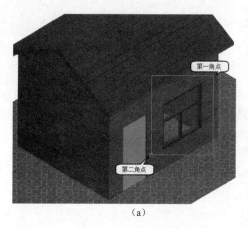

（a） （b）

图 12-14 渲染面域

12.5.3 设置渲染环境

在进行图形渲染的过程中，用户可以通过使用雾化背景、颜色、近距离、远距离及雾化百分比等参数，为渲染图像添加背景、雾化等环境效果。

雾化和景深效果处理是非常相似的大气效果，可以使对象随着相对于相机的距离的增大而淡出显示。雾化或景深效果处理的密度由近处雾化百分率和远处雾化百分率来控制，它们的取值范围为 0.0001～100。数值越大表示雾化或景深效果处理透明度越低。渲染环境的操作方法如下：

- 从菜单栏中选择【视图】→【渲染】→【渲染环境】命令。
- 在功能区【渲染】选项卡的【渲染】面板中单击【环境】按钮 ![环境] 。
- 在命令窗口中输入 RENDERENVIRONMENT 命令，按 Enter 键。

通过上述方法均可打开【渲染环境】对话框，如图 12-15（a）所示。例如，为三维椅子设置渲染环境，结果如图 12-15（b）所示。

（a） （b）

图 12-15 渲染环境

12.5.4 设置背景

在 AutoCAD 中，用户可以通过将位图图像添加为背景来增强渲染效果。背景主要是指显示在模型后面的背景，可以是单色、多色渐变色或位图图像。用户可以通过【视图管理器】对话框来设置背景，设置完成后，背景将与命名视图或相机相关联，并且与图形一起保存。打开【视图管理器】对话框的操作方法如下：

- 从菜单栏中选择【视图】→【命名视图】命令。
- 在功能区【视图】选项卡的【视图】面板中单击【命名视图】按钮 命名视图 。
- 在命令窗口中输入 VIEW 命令，按 Enter 键。

通过上述方法均可打开【视图管理器】对话框，如图 12-16 所示。

在【视图管理器】对话框中单击【新建】按钮，将会打开如图 12-17 所示的【新建视图/快照特性】对话框。

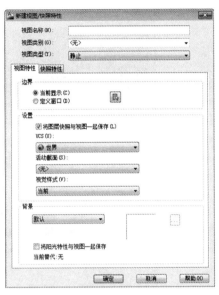

图 12-16　【视图管理器】对话框　　　　图 12-17　【新建视图/快照特性】对话框

在【新建视图/快照特性】对话框中，在【视图特性】选项卡的【背景】栏中，可以选择背景的类型，如默认、纯色、渐变色、图像、阳光与天光。若选择【图像】选项，将打开【背景】对话框，在其中可以选择需要作为背景的图像，如图 12-18（a）所示，为椅子选择一种背景图像，结果如图 12-18（b）所示。

　　　　　　（a）　　　　　　　　　　　　　　　（b）

图 12-18　设置背景

实训 12

利用本章所学内容，对第 11 章中创建的三维货架进行渲染。具体的操作步骤如下。

1）打开 AutoCAD 2012 中文版，新建一个图形文件，工作空间切换为"三维建模"。然后打开在第 11 章实训部分创建的"货架模型"文件。

2）指定材质。在功能区【渲染】选项卡的【材质】面板中单击【材质浏览器】按钮 材质浏览器，在打开的【材质浏览器】选项板中选择【金属漆】→【薄片反射-米色】材质，如图 12-19（a）所示，用鼠标拖动的方式将材质指定给三维货架，效果如图 12-19（b）所示。

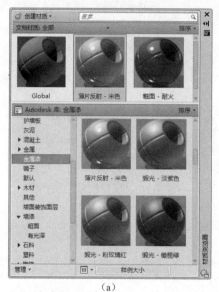

(a)   (b)

图 12-19　指定材质

3）快速渲染货架。在功能区【渲染】选项卡的【渲染】面板中单击【渲染】按钮 渲染，对货架执行快速渲染操作，结果如图 12-20 所示。

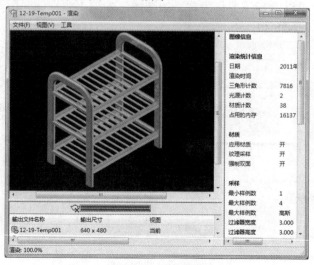

图 12-20　快速渲染

4）创建相机。在功能区【渲染】选项卡的【渲染】面板中单击【创建相机】按钮 ![创建相机]，为货架创建一个相机，并利用移动和夹点功能适当地调整相机的视角和位置，如图 12-21 所示。

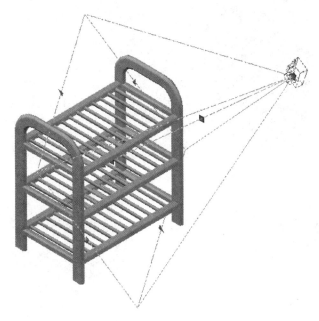

图 12-21　创建相机

5）在视图中添加相机。在功能区【视图】选项卡的【视图】面板中单击【视图管理器】按钮，在打开的【视图管理器】对话框中选择"相机 1"视图，将【背景替代】设为"纯色"，并选定背景颜色为 141 号色，如图 12-22 所示。

图 12-22　【视图管理器】对话框

6）添加光源。在功能区【渲染】选项卡的【光源】面板中单击【聚光灯】按钮 ![聚光灯]，添加一个"聚光灯"光源，并利用【移动】命令和聚光灯的夹点功能对其位置进行适当调整。用户也可以通过【特性】选项板对"聚光灯"的相关特性进行调整。结果如图 12-23 所示。

7）渲染货架。在功能区【渲染】选项卡的【渲染】面板中单击【渲染】按钮 ![渲染]，对货架进行渲染，结果如图 12-24 所示。

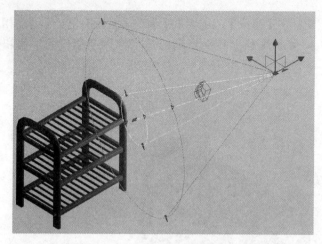

图 12-23　添加光源

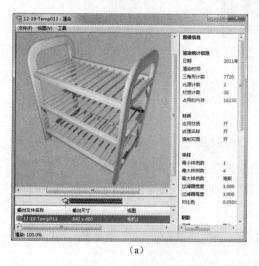

（a）

（b）

图 12-24　渲染货架

8）完成上述操作，将图形保存至指定位置，文件名为"渲染货架"。

练习题 12

1．更改视觉样式有什么作用？AutoCAD 2012 提供了哪些视觉样式？

2．AutoCAD 2012 提供的动态观察有几种观察方式？它们有什么区别？

3．渲染三维图形时，AutoCAD 2012 提供了哪几种人工光源？它们的特点是什么？

4．在 AutoCAD 2012 中，用户可以通过哪几种方式为三维对象添加材质？

5．为三维图形进行渲染的作用是什么？如何设置渲染背景？

6．利用本章所学内容为在第 11 章练习题中绘制的三维轴承示意图添加材质，并进行渲染，结果如图 12-25 所示。

图 12-25　三维轴承渲染

7. 利用本章所学内容为三维别墅图形对象添加材质，并进行渲染，如图 12-26 所示。

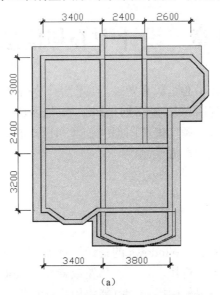

（a）

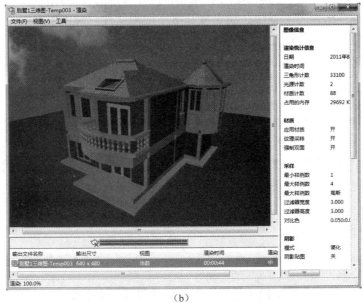

（b）

图 12-26　三维别墅渲染

第13章　设计中心与信息查询

在 AutoCAD 中利用设计中心可以有效地管理图块、外部参数以及来自其他源文件或应用程序的内容，从而有效地利用和共享本地计算机、局域网或因特网上的图块、图层和外部参数，以及用户自定义的图形资源，提高图形的管理和设计效率。另外，用户还可以使用图形查询功能快速查看图形对象的数据信息。

13.1　设计中心

AutoCAD 2012 的设计中心与 Windows 的资源管理器类似，是一个直观而高效的工具。利用设计中心，不仅可以浏览、查找、打开、预览或管理 AutoCAD 图形、块、外部参照和光栅图像等文件，而且只要使用鼠标操作，就能将用户计算机、网络位置或网站中的块、图层和外部参照等插入到图形文件中。如果打开多个图形文件，则可以利用设计中心在图形之间复制和粘贴其他内容，如图层、文字样式、标注样式线型、布局等，从而利用和共享大量现有资源来简化绘图过程，提高绘图效率。

在 AutoCAD 2012 中，使用设计中心可以完成以下工作。

① 浏览用户计算机、网络驱动器和 Web 页上的图形内容。

② 查看块、图层和其他图形文件的定义并将这些图形定义插入到当前图形文件中。

③ 创建指向常用图形、文件和因特网网址的快捷方式。

④ 通过控制显示方式来控制设计中心控制板的显示效果，还可以在控制板中显示与图形文件相关的描述信息和预览图形。

13.1.1　打开设计中心

打开设计中心的方法如下：

- 从菜单栏中选择【工具】→【选项板】→【设计中心】命令。
- 在功能区【视图】选项卡的【选项板】面板中单击【设计中心】按钮▦。
- 在命令窗口中输入 ADCENTER 命令，按 Enter 键。

执行上述任意一种操作后，即可打开如图 13-1 所示的【设计中心】选项板。

13.1.2　查看图形信息

在 AutoCAD 2012 的【设计中心】选项板中包含一组工具按钮和选项卡，用户可以通过它们选择和观察图形。

【设计中心】选项板的左侧为文件列表区，用于显示用户计算机和网络驱动器中的文件与文件夹的层次结构、所打开图形的列表、自定义内容以及历史记录。

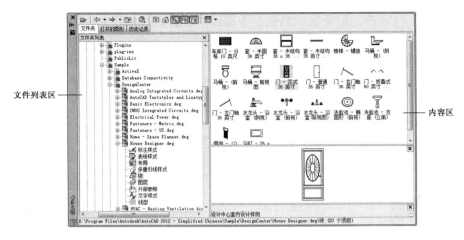

图 13-1 【设计中心】选项板

【设计中心】选项板左侧窗格中包含 3 个选项卡，各选项卡的用途及使用方法如下。

【文件夹】选项卡：用于显示 AutoCAD 2012 设计中心的内容。可以显示本地计算机资源，也可以显示网上邻居的内容，如图 13-2 所示。

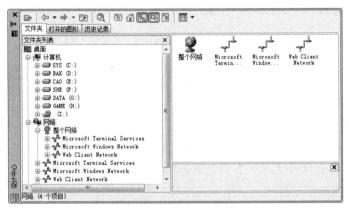

图 13-2 【文件夹】选项卡

【打开的图形】选项卡：用于显示 AutoCAD 2012 中打开的所有图形。单击某个图形文件的图标，就可以在右侧的内容区中查看该图形的相关信息，如标注样式、表格样式、布局、多重引线样式、文字样式、块和图层等，如图 13-3 所示。

图 13-3 【打开的图形】选项卡

【历史记录】选项卡：用于显示最近在【设计中心】中打开的文件列表，其中包括文件的完整路径，如图 13-4 所示。如果要将文件从【历史记录】列表中删除，则在该文件上单击右键，从弹出的快捷菜单中选择【删除】命令即可。

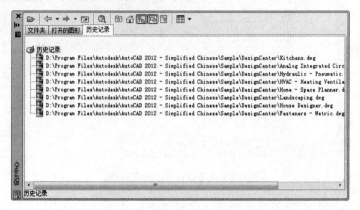

图 13-4　【历史记录】选项卡

13.1.3　使用设计中心插入对象

使用 AutoCAD 2012 提供的设计中心功能，用户可以方便、快捷地在当前图形中插入块、引用光栅图形及外部参照，并可以在图形之间复制块、图层、线型、文字样式、标注样式和用户定义的内容等。

1. 插入块

在【设计中心】选项板的内容区，右键单击需要插入的块，从弹出的快捷菜单中选择【插入块】命令，程序将会打开【插入】对话框，如图 13-5 所示。

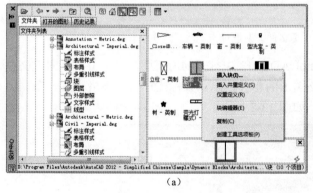

（a）　　　　　　　　　　　　　　　　　（b）

图 13-5　利用设计中心插入块

2. 引用外部参照

使用【设计中心】选项板，还可以引用外部参照。在【设计中心】选项板的内容区中，右键单击需要引用的外部参照，从弹出的快捷菜单中选择【附着为外部参照】命令，如图 13-6（a）所示，将会打开如图 13-6（b）所示的【附着外部参照】对话框。在该对话框中指定插入点、插入比例和旋转角度，然后单击【确定】按钮即可。

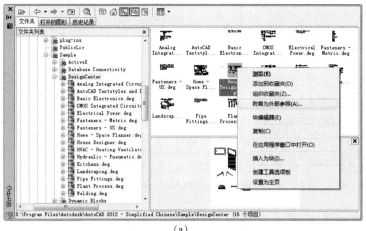

（a）

（b）

图 13-6　附着外部参照

3．在图形中进行复制操作

使用设计中心可以将图形文件中指定的图层复制到当前图形文件中，这样既方便又快捷，还保持了图形的一致性。在设计中心窗口中选择一个或多个图层，然后将其拖动到当前图形文件中即可。还可以用同样的方法复制线型、文字样式、标注样式、布局及块等。

13.2　信息查询

在 AutoCAD 中，查询命令是进行计算机辅助设计的重要工具。使用查询命令不仅可以测量距离、计算区域的面积和周长，还可以查询对象的数据库信息。

13.2.1　查询距离

使用距离查询命令可以用于查询指定两点之间的距离，以及对应的方位角，也可以查询多个点之间的距离之和。查询距离的方法如下：

- 从菜单栏中选择【工具】→【查询】→【距离】命令。
- 在功能区【常用】选项卡的【实用工具】面板中单击【距离】按钮 ▭距离。

● 在命令窗口中输入 DIST（DI）命令，按 Enter 键。

执行上述任意一种操作后，命令行提示如下：

命令: _measuregeom（执行查询命令）

输入选项 [距离(D)/半径(R)/角度(A)/面积(AR)/体积(V)] <距离>: _distance（查询距离）

指定第一点:（单击查询距离对象第一点）

指定第二个点或 [多个点(M)]:（单击查询距离对象第二点）

距离 = 150.0000, XY 平面中的倾角 = 0,　与 XY 平面的夹角 = 0

X 增量 = 150,0000,　Y 增量 = 0.0000,　Z 增量 = 0.0000

输入选项 [距离(D)/半径(R)/角度(A)/面积(AR)/体积(V)/退出(X)] <距离>: x（退出命令）

13.2.2 查询面积

使用面积查询命令可以计算多种对象的面积和周长。另外，还可以使用加模式和减模式来计算组合的面积。查询面积的方法如下：

● 从菜单栏中选择【工具】→【查询】→【面积】命令。
● 在功能区【常用】选项卡的【实用工具】面板中单击【面积】按钮。
● 在命令窗口中输入 AREA 命令，按 Enter 键。

执行上述任意一种操作后，命令行提示如下：

命令: _measuregeom（执行查询命令）

输入选项 [距离(D)/半径(R)/角度(A)/面积(AR)/体积(V)] <距离>: _area（查询面积）

指定第一个角点或 [对象(O)/增加面积(A)/减少面积(S)/退出(X)] <对象(O)>:（单击查询对象角点）

指定下一个点或 [圆弧(A)/长度(L)/放弃(U)]:（单击查询对象角点）

指定下一个点或 [圆弧(A)/长度(L)/放弃(U)]:（单击查询对象角点）

指定下一个点或 [圆弧(A)/长度(L)/放弃(U)/总计(T)] <总计>:（单击查询对象角点）

指定下一个点或 [圆弧(A)/长度(L)/放弃(U)/总计(T)] <总计>:（按 Enter 键，确认角点）

区域 = 15000.0000, 周长 = 500.0000

输入选项 [距离(D)/半径(R)/角度(A)/面积(AR)/体积(V)/退出(X)] <面积>: x（退出命令）

13.2.3 查询角度

使用角度查询命令可以测量指定圆弧、圆、直线或顶点的角度。查询角度的方法如下：

● 从菜单栏中选择【工具】→【查询】→【角度】命令。
● 在功能区【常用】选项卡的【实用工具】面板中单击【角度】按钮。
● 在命令窗口中输入 ANGLE 命令，按 Enter 键。

执行上述任意一种操作后，命令行提示如下：

命令: _measuregeom（执行查询命令）

输入选项 [距离(D)/半径(R)/角度(A)/面积(AR)/体积(V)] <距离>: _angle（查询角度）

选择圆弧、圆、直线或 <指定顶点>:（单击弧线查询对象，或指定夹角第一条直线）

选择第二条直线:（指定夹角第二条直线）

角度 = 45°

输入选项 [距离(D)/半径(R)/角度(A)/面积(AR)/体积(V)/退出(X)] <角度>: x（退出命令）

13.2.4 查询体积

使用体积查询命令可以测量对象或定义区域的体积。用户可以选择三维实体或二维对象。如果选择二维对象，则必须指定该对象的高度。查询体积的方法如下：

- 从菜单栏中选择【工具】→【查询】→【体积】命令。
- 在功能区【常用】选项卡的【实用工具】面板中单击【体积】按钮 。
- 在命令窗口中输入 VOLUME 命令，按 Enter 键。

执行上述任意一种操作后，命令行提示如下：

命令：_measuregeom（执行查询命令）

输入选项 [距离(D)/半径(R)/角度(A)/面积(AR)/体积(V)] <距离>：_volume（查询距离）

指定第一个角点或 [对象(O)/增加体积(A)/减去体积(S)/退出(X)] <对象(O)>：o（选择对象模式）

选择对象：（指定矩形二维图形为查询对象）

指定高度：20（指定矩形高度）

体积 = 300000.0000

输入选项 [距离(D)/半径(R)/角度(A)/面积(AR)/体积(V)/退出(X)] <体积>：x（退出命令）

13.2.5 查询点坐标

使用点坐标查询命令可以显示指定点在当前 UCS 坐标系下的 X、Y、Z 坐标。查询点坐标的方法如下：

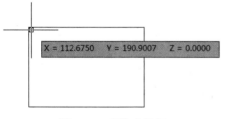

图 13-7 查询点坐标

- 从菜单栏中选择【工具】→【查询】→【点坐标】命令。
- 在功能区【常用】选项卡的【实用工具】面板中单击【点坐标】按钮 。
- 在命令窗口中输入 ID 命令，按 Enter 键。

执行该命令，在指定的查询坐标点附近将会显示该点的坐标。如图 13-7 所示。

13.2.6 查询时间

在命令窗口中输入 TIME 命令，将会显示关于图形的日期和时间的统计结果，如图 13-8 所示。该命令是使用计算机系统时钟来完成时间查询功能的。

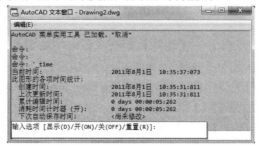

图 13-8 时间查询

13.2.7　显示对象的数据库信息

使用列表查询命令,可以显示对象的类型、对象图层、相对于当前用户坐标系的 X、Y、Z 轴位置,以及对象是位于模型空间还是图纸空间等信息。查询命令的方法有以下几种。

● 从菜单栏中选择【工具】→【查询】→【列表】命令。

● 在命令行窗口中输入 LIST 命令,按 Enter 键。

执行该命令,并根据提示指定查询对象后,显示对象信息,如图 13-9 所示。

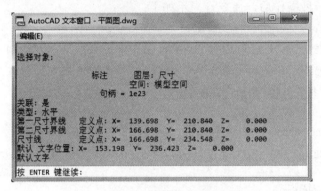

图 13-9　显示对象信息

实训 13

1. 设计中心应用

利用本章所学的设计中心功能,为图形插入相应的图块。具体的操作步骤如下。

1)打开 AutoCAD 2012 中文版,将工作空间设为"草图与注释"。

2)打开在第 5 章实训部分所绘制的传动轴图形,如图 13-10 所示。

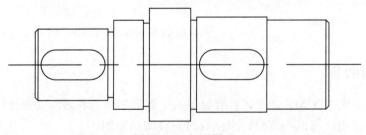

图 13-10　打开图形

3)从菜单栏中选择【工具】→【选项板】→【设计中心】命令,调出【设计中心】选项板。从【文件夹列表】中选择在第 9 章实训部分所绘制的"支架"图形文件,在【预览】窗口中右键单击"粗糙度符号",并从弹出的快捷菜单中选择【插入块】命令,将"粗糙度符号"插入到当前图形中,如图 13-11 所示。

4)执行上述命令后,打开【插入】对话框,如图 13-12 所示,用户可以根据需要在图形中指定图块插入位置。

图 13-11 【设计中心】选项板

图 13-12 【插入】对话框

5）根据图 13-13 添加粗糙度符号后，将图形保存至指定位置，文件名为"设计中心应用"。

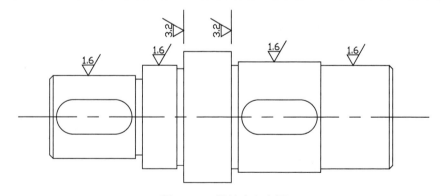

图 13-13 设计中心应用

2．查询房间面积

利用本章所学的查询命令，查询房间的使用面积。具体的操作步骤如下。

1）打开 AutoCAD 2012 中文版，将工作空间设为"草图与注释"。

2）利用基本绘图命令绘制一张房间平面图，如图 13-14 所示。

3）在功能区【常用】选项卡的【实用工具】面板中单击【面积】按钮 ，查询房间的面积。在执行查询命令过程中，根据命令提示依次选择查询范围的各个角点，如图 13-15 所示。

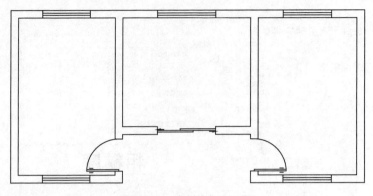

图 13-14　绘制房间平面图

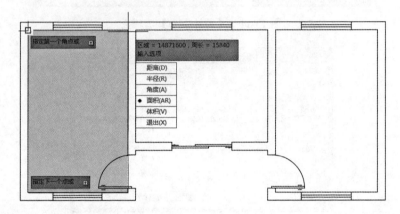

图 13-15　查询房间面积

4）重复执行上一步骤，依次查询各房间的面积，并利用【多行文字】工具为各房间标注出面积数据，结果如图 13-16 所示。

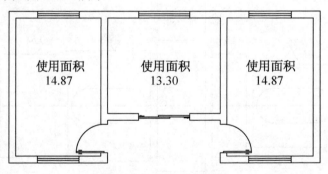

图 13-16　标注房间面积

5）完成上述操作，将图形保存至指定位置，文件名为"查询房间面积"。

练习题 13

1．AutoCAD 2012 提供的设计中心的作用是什么？它具备哪些功能？

2．如何通过设计中心将图形文件库中的图块和图层插入到当前图形文件中？

3．AutoCAD 2012 提供的查询功能有什么作用？用户可以查询哪些数据？

第14章 图形的布局、打印和输出

图形绘制完成之后，为了便于查看、对比、参照和资源共享，通常对现有图形进行布局设置、打印输出或网上发布。AutoCAD 出图涉及模型空间和图纸空间。模型空间用于建模，也就是图形绘制；图纸空间用于出图，可方便用户设置打印设备、纸张、比例、布局等内容，并可预览出图效果。

AutoCAD 2012 提供了图形输入与输出接口，不仅可以将其他应用程序中处理好的数据传送给 AutoCAD，以显示其图形，还可以将在 AutoCAD 中绘制好的图形文档打印出来，或者把它们的信息传送给其他应用程序。为适应互联网的快速发展，使用户能够快速、有效地共享设计信息，AutoCAD 2012 强化了其网络功能，使其与互联网相关的操作更加方便、高效。打印或发布的图形需要指定许多定义图形输出的设置和选项。要节省时间，可以将这些设置另存为命名的页面设置。用户可以使用【页面设置管理器】将命名的页面设置应用到图纸空间布局中，也可以从其他图形中输入命名页面设置并将其应用到当前图形的布局中。

14.1 模型空间和图纸空间

图形的每个布局都代表一张单独的打印输出图纸，用户可以根据设计需要创建多个布局来显示不同的视图，而且可以在布局中创建多个浮动视口，对每个浮动视口中的视图设置不同的打印比例，也可以控制图层的可见性。

14.1.1 模型空间与图纸空间的概念

模型空间和布局空间（即图纸空间）是 AutoCAD 中两个具有不同作用的工作空间：模型空间主要用于图形的绘制和建模，图纸空间（布局）主要用于在打印输出图纸时对图形进行排列和编辑。

模型空间是一个三维空间，设计者一般在模型空间中完成其主要的设计构思。在此需要注意，永远按照 1:1 的实际尺寸进行绘图。

图纸空间用来将几何模型表达到工程图之上用，专门用于出图。图纸空间又称为"布局"，是一种图纸空间环境，它模拟图纸页面，提供直观的打印设置。模型空间中的布局视口类似于包含模型"照片"的相框。每个布局视口包含一个视图，该视图可以根据用户指定的比例和方向显示模型。用户也可以指定在每个布局视口中可见的图层。

14.1.2 模型空间与图纸空间的切换

用户可以通过 AutoCAD 2012 提供的【模型】选项卡以及一个或多个【布局】选项卡进行模型空间和布局的切换，也可以使用在状态栏中的【模型和图纸空间】按钮进行切换。

如图 14-1 所示是在绘图区域底部显示的布局和模型选项卡，即【模型】选项卡以及一个或多个【布局】选项卡。

用户可以在布局和模型选项卡上单击右键，从弹出的快捷菜单中选择【隐藏布局和模型选项卡】命令，如图 14-2 所示。设置为隐藏后，将会在状态栏中出现【模型】按钮和【布局】按钮，在按钮上单击右键，从弹出的快捷菜单中选择【显示布局和模型选项卡】命令即可显示布局和模型选项卡。

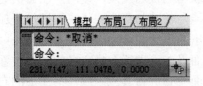

图 14-1　布局和模型选项卡　　　　　图 14-2　布局和模型选项卡快捷菜单

在 AutoCAD 2012 中提供了【快速查看布局】和【快速查看图形】功能，用户可以在状态栏上单击右键，从弹出的快捷菜单中选择使用。选择【快速查看布局】命令，将会弹出如图 14-3 所示的快速查看窗口。用户可以在该窗口中快速查看模型空间和多个布局（图纸空间）的情况，并可通过单击操作进行空间的切换。

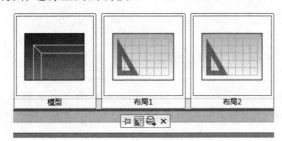

图 14-3　快速查看窗口

14.2　创建布局

布局空间在图形输出中占有极大的优势和地位，它模拟图纸页面，提供直观的打印设置。用户可以在图形中创建多个布局以显示不同的视图，每个布局可包含不同的打印比例和图纸尺寸等设置。布局中显示的图形与图纸页面上打印出来的图形完全一致。

在 AutoCAD 2012 中，用户可以使用【布局向导】命令以向导方式创建新的布局，步骤如下。

1）从菜单栏中选择【插入】→【布局】→【创建布局向导】命令，打开【创建布局】对话框，显示如图 14-4 所示的【创建布局-开始】页面，为新布局命名。可以看到，左侧列出的是创建布局的 8 个步骤，前面标有三角符号的是当前步骤。

2）单击【下一步】按钮，显示如图 14-5 所示的【创建布局-打印机】页面。该对话框用于选择打印机，可以从列表中选择一种打印输出设备。

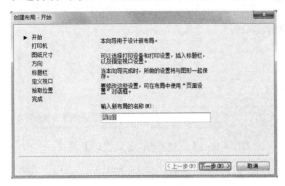

图 14-4　【创建布局-开始】页面　　　　图 14-5　【创建布局-打印机】页面

3）单击【下一步】按钮，显示【创建布局-图纸尺寸】页面，如图 14-6 所示。用户可以在此选择打印图纸的大小并选择所用的单位。在下拉列表中列出了可用的各种格式的图纸，它是由选择的打印设备决定的。用户可以从中选择一种格式，也可以使用绘图仪配置编辑器添加自定义图纸尺寸。【图形单位】选项组用于控制图形单位，可以选择毫米、英寸或像素。

4）单击【下一步】按钮，显示如图 14-7 所示的【创建布局-方向】页面，在此可以设置图形在图纸上的方向。

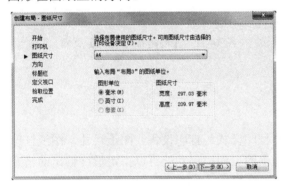 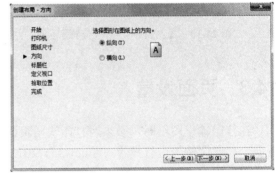

图 14-6　【创建布局-图纸尺寸】页面　　　　图 14-7　【创建布局-方向】页面

5）单击【下一步】按钮，显示如图 14-8 所示的【创建布局-标题栏】页面，在此可以选择图纸的边框和标题栏的样式，在对话框右侧的【预览】框中可以显示所选样式的预览图像。在对话框下部的【类型】选项组中，用户还可以指定所选择的标题栏图形文件是作为块还是作为外部参照插入到当前图形中。

6）单击【下一步】按钮，显示如图 14-9 所示的【创建布局-定义视口】页面，在此可以指定新创建的布局默认视口设置和比例等。在【视口设置】选项组中选择【单个】项。如果选择【阵列】选项，则下面的 4 个文本框将会被激活，分别用于输入视口的行数和列数，以及视口的行距和列距。

7）单击【下一步】按钮，显示如图 14-10 所示的【创建布局-拾取位置】页面，在此可以指定视口的大小和位置。单击【选择位置】按钮，将会暂时关闭该对话框，切换到图形窗口，指定视口的大小和位置后返回该对话框。

图 14-8 【创建布局-标题栏】页面

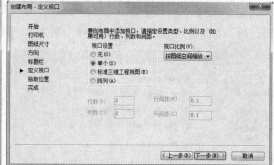
图 14-9 【创建布局-定义视口】页面

8）单击【下一步】按钮，显示【创建布局-完成】页面，如图 14-11 所示。

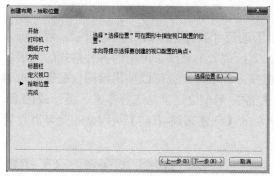
图 14-10 【创建布局-拾取位置】页面

图 14-11 【创建布局-完成】页面

14.3 页面设置

在打印输出图纸时，必须对打印输出页面的打印样式、打印设备、图纸尺寸、图纸打印方向、打印比例等进行设置。AutoCAD 2012 提供的页面设置功能可以指定最终输出的格式和外观，用户可以修改这些设置并将其应用到其他布局中。

在模型空间中完成图形绘制之后，用户可以单击【布局】选项卡创建要进行打印的布局。创建布局后，就可以进行布局的页面设置，包括打印设备设置及其他影响输出的外观和格式的设置。

用户可以在【模型】选项卡上单击右键，从弹出的快捷菜单上选择【页面设置管理器】命令，打开如图 14-12 所示的【页面设置管理器】对话框。

在【页面设置管理器】对话框中，单击【新建】按钮，打开【新建页面设置】对话框，用户可以为新页面设置命名，如图 14-13 所示。

单击【确定】按钮，打开【页面设置】对话框，如图 14-14 所示。在该对话框中，用户可以指定布局设置和打印设备设置并预览布局的结果。

【打印机/绘图仪】：在此可以指定打印机的名称、位置和说明。选择的打印机或绘图仪决定了布局的可打印区域，可打印区域使用虚线表示。单击【特性】按钮，打开【绘图仪配置编辑器】对话框，可以在此查看或修改绘图仪的配置信息，如图 14-15 所示。

图 14-12 【页面设置管理器】对话框

图 14-13 【新建页面设置】对话框

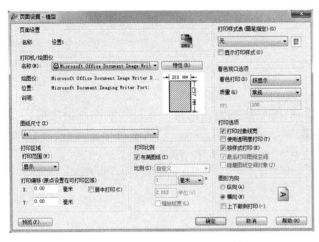

图 14-14 【页面设置】对话框

图 14-15 【绘图仪配置编辑器】对话框

【图纸尺寸】：可以从下拉列表中选择需要的图纸尺寸，也可以通过【绘图仪配置编辑器】对话框添加自定义图纸尺寸。该下拉列表中可用的图纸尺寸由当前为布局所选的打印设备确定。

【打印区域】：在此可以对布局的打印区域进行设置。在【打印范围】下拉列表中有 4 个选项：【显示】选项，打印图形中显示的所有对象；【范围】选项，打印图形中的所有可见对象；【视图】选项，打印用户保存的视图；【窗口】选项，定义要打印的区域。

【打印偏移】：在此可以指定打印区域相对于可打印区域的左下角（原点）或图纸边界的偏移距离。

【打印比例】：在此可以指定布局的打印比例，也可以根据图纸尺寸调整图像。

【图形方向】：在此可以设置图形在图纸上的打印方向。使用【横向】选项，图纸的长边是水平的；使用【纵向】选项，图纸的短边是水平的；使用【上下颠倒打印】选项，可以先打印图形底部。

完成设置后，单击【预览】按钮或切换到布局窗口中，可以预览页面设置的效果，如图 14-16 所示。

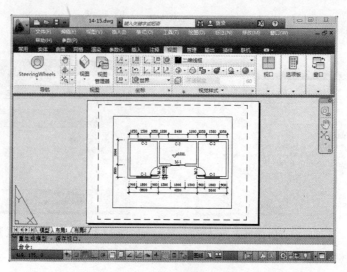

图 14-16　在布局窗口中预览

14.4　打印输出图形

所有创建的图形对象最后都需要以图纸的形式输出。但是，在打印输出图形之前，还需要针对具体图形进行打印设置和绘图仪配置。另外，用户可以使用多种格式（包括 DWF、DWFx、DXF、PDF 和 Windows 图元文件）输出或打印图形。

14.4.1　打印图形

从"模型"空间输出图形时，需要指定图纸尺寸，即在【打印】对话框中，选择要使用的图纸大小。从"布局"空间输出图形时，应根据打印的需要进行相关参数的设置，并在【页面设置-模型】对话框中预定义打印样式。图形打印操作方法如下：

- 在功能区【输出】选项卡的【打印】面板中单击【打印】按钮🖨。
- 单击【应用程序】按钮，从弹出的应用程序菜单选择【打印】命令。
- 在【模型】选项卡或【布局】选项卡上单击右键，从弹出的快捷菜单中选择【打印】命令。
- 在命令窗口中输入 PLOT 命令，按 Enter 键。

执行以上操作，都将打开如图 14-17 所示的【打印】对话框，其中的设置大多与【页面设置】对话框相同。

可以在【页面设置】栏的【名称】下拉列表中为打印作业指定预定义的设置，也可以单击右侧的【添加】按钮，添加新的设置。无论预定义的设置，还是新设置，在【打印】对话框中指定的任何设置都可以保存到布局中，以供下次打印时使用。

完成打印设置后，单击【预览】按钮，可以对图形进行打印预览，如图 14-18 所示。如果预览效果满意，可以在预览窗口中单击右键，从弹出的快捷菜单中选择"打印"命令即可打印图形，也可以单击 Esc 键退出预览窗口，返回【打印】对话框，单击【确定】按钮打印图形。

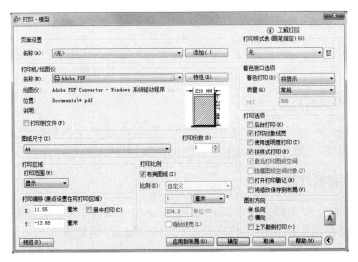

图 14-17　【打印】对话框

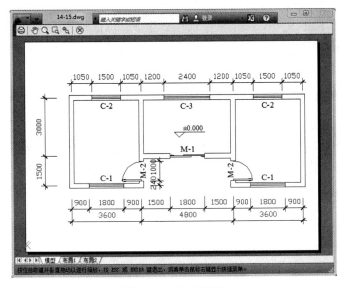

图 14-18　打印预览

14.4.2　输出图形

在 AutoCAD 2012 中，用户可以将绘制的图形文件输出为其他格式的文件。无论以哪种格式输出图形，用户均需要在【打印】对话框的【打印机/绘图仪】栏的【名称】下拉列表中选择相应的格式，可以选择"DWF6 ePlot.pc3"、"DWG to PDF.pc3"等。

1. 打印 DWF 文件

在 AutoCAD 中，可以创建 DWF 文件（二维矢量文件），用于在 Web 上或通过 Intranet 发布图形。任何人都可以使用 Autodesk Design Review 打开、查看和打印 DWF 文件。通过 DWF 文件查看器，也可以在 Internet Explorer 浏览器中查看 DWF 文件。DWF 文件支持实时平移和缩放，还可以控制图层和命名视图的显示效果。

2．打印 DWFx 文件

在 AutoCAD 中，可以创建 DWFx 文件（DWF 和 XPS），用于在 Web 上或通过 Internet 发布图形。

3．以 DXB 文件格式打印

在 AutoCAD 中，使用 DXB 非系统文件驱动程序可以支持 DXB（二进制图形交换）文件格式，这通常用于将三维图形"展平"为二维图形。

4．以光栅文件格式打印

AutoCAD 支持若干种光栅文件格式，包括 Windows BMP、CALS、TIFF、PNG、TGA、PCX 和 JPEG。光栅驱动程序常用于打印到文件中以便进行桌面发布。

5．打印 Adobe PDF 文件

使用 DWG to PDF 驱动程序，用户可以从图形创建 Adobe 便携文档格式（PDF）文件。与 DWF6 文件类似，PDF 文件以基于矢量的格式生成，以保持精确性。PDF 格式是进行电子信息交换的标准。用户可以轻松分发 PDF 文件，以在 Adobe Reader 中查看和打印，还可以通过指定分辨率、矢量、渐变色、颜色等来自定义 PDF 输出。

6．打印 Adobe PostScript 文件

使用 Adobe PostScript 驱动程序，可以将 DWG 文件与许多页面布局程序和存档工具一起使用。用户可以使用非系统 PostScript 驱动程序将图形打印到 PostScript 打印机和 PostScript 文件中。PS 文件格式用于打印到打印机中，而 EPS 文件格式用于打印到文件中。

7．创建打印文件

在【打印】对话框的【打印机/绘图仪】栏中，启用"打印到文件"复选框，可以使用任意绘图仪配置创建打印文件，并且该打印文件可以使用后台打印软件进行打印，也可以送到打印服务公司进行打印。使用此功能，用户必须为输出设备使用正确的绘图仪配置，才能生成有效的 PLT 文件。

14.4.3   发布图形文件

通过图纸集管理器，用户可以将整个图纸集轻松发布为图纸图形集，也可以发布为 DWF、DWFx 或 PDF 文件。

发布提供了一种简单的方法来创建图纸图形集或电子图形集。电子图形集是打印的图形集的数字形式。通过图纸集管理器可以发布整个图纸集。从图纸集管理器打开【发布】对话框时，【发布】对话框将会自动列出在图纸集中选择的图纸。

用户可以通过将图纸集发布至每个图纸页面设置中指定的绘图仪来创建图纸图形集，还可以通过 Autodesk Design Review 查看和打印已发布的 DWF 或 DWFx 电子图形集。在 AutoCAD 2012 中，用户还可以创建和发布三维模型的 DWF 或 DWFx 文件，并使用 Autodesk Design Review 查看这些文件。同时，还可以为特定用户自定义图形集合，并且可以随着工程的进展添加和删除图纸。

实训 14

根据本章所学内容,对图形文件进行页面设置并输出为 PDF 文件。具体的操作步骤如下。

1)打开 AutoCAD 2012,将在第 12 章练习题中所绘制的"三维轴承"图形文件打开。

2)在功能区【输出】选项卡的【打印】面板中单击【页面设置管理器】按钮 ,打开【页面设置管理器】对话框,在该对话框中单击【新建】按钮,打开【新建页面设置】对话框。在此,新建一个页面设置,并命名为"图形输出"。单击【确定】按钮,打开【页面设置】对话框。

3)在【打印机/绘图仪】栏的【名称】下拉列表中选择"Adobe PDF"选项,并进行相应的设置,如图 14-19 所示。单击【确定】按钮,关闭该对话框。

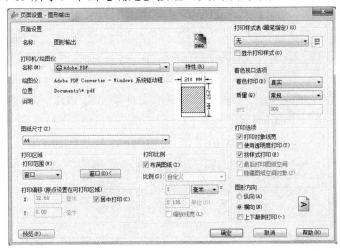

图 14-19 页面设置

4)在功能区【输出】选项卡的【打印】面板中单击【打印】按钮,打开【打印】对话框,在【页面设置】栏的【名称】下拉列表中选择上一步骤创建的名为"图形输出"的选项,并单击【预览】按钮,即可在预览窗口查看输出效果,如图 14-20 所示。

图 14-20 预览窗口

5）完成以上设置，在【打印】对话框中单击【确定】按钮，将会打开【另存 PDF 文件为】对话框，在此可以指定 PDF 文件的存放位置和文件名称，如图 14-21 所示。

图 14-21　【另存 PDF 文件为】对话框

6）完成以上步骤，即可将"三维轴承"图形文件输出为 PDF 格式的文件。之后，用户就可以方便地通过 Adobe Reader 程序对文件进行查阅和打印操作，如图 14-22 所示。

7）完成上述操作，将文件保存至指定位置，文件名为"图形输出"。

图 14-22　图形输出

练习题 14

1. 模型空间和布局空间有什么区别？它们之间如何进行切换？
2. 在 AutoCAD 2012 中，如何创建布局？
3. 在 AutoCAD 2012 中，如何为图形添加自定义图纸尺寸？
4. 在 AutoCAD 2012 中，用户可以将图形文件输出为哪些格式？

5．打开在第 13 章实训部分所绘制的房间平面图，根据本章所学内容，通过图纸空间对图形文件进行页面设置，将其输出为 PDF 文件并保存至指定位置，如图 14-23 所示。

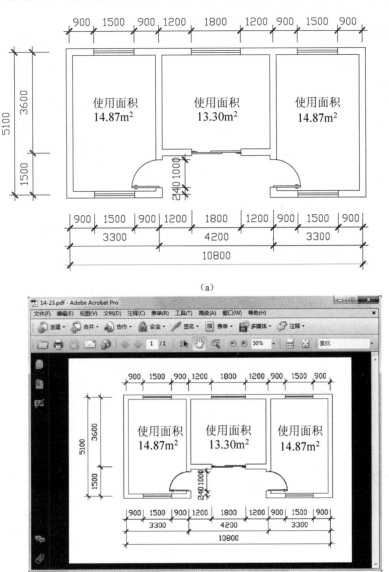

（a）

（b）

图 14-23　输出 PDF 文件

参 考 文 献

[1] Autodesk, Inc. AutoCAD 2011 标准培训教程. 北京：电子工业出版社，2011.

[2] 程绪琪，王建华，刘志峰等. AutoCAD 2010 中文版标准教程. 北京：电子工业出版社，2010.

[3] 谷德桥，胡仁喜等. AutoCAD 2011 中文版标准实例教程. 北京：机械工业出版社，2011.

[4] 李志国，郭晓军，王磊等. AutoCAD 2011 中文版基础教程. 北京：清华大学出版社，2011.

[5] 史宇宏，张传记等. 中文版 AutoCAD 2011 从入门到精通. 北京：北京希望电子出版社，2011.

[6] 韩鑫，胡仁喜等. AutoCAD 2011 中文版从入门到精通. 北京：机械工业出版社，2011.

[7] 汪俊，曾传柯等. AutoCAD 2011 中文版基础教程. 北京：中国青年出版社，2011.

[8] 胡仁喜等. CAD 工程设计完全实例教程. 北京：化学工业出版社，2010.

[9] 杨老记，梁海利. AutoCAD 2011 三维建模入门与实例解析. 北京：机械工业出版社，2011.